动物繁殖学实验实训教程

主　编　周杰珑　张　明

副主编　鲜　红　段玉宝　陈粉粉

编　委（按姓氏笔画排序）

马国辉　张　明　陈粉粉　罗文涛

周杰珑　段玉宝　彭章华　鲜　红

主　审　郑鸿培

U0364992

高等教育出版社·北京

内容简介

　　本书根据我国高等农林院校动物繁殖学教学基本要求,结合多年动物繁殖学实验教学和动物繁殖生产实践,同时参考国内外该领域研究技术的基础上,组织相关高校和生产单位人员编写而成。

　　全书分为实验篇和实训篇两大部分,共设计了 12 个实验项目,7 个实训项目,涉及猪、牛、羊、鸡、兔、小鼠等动物。主要内容包括动物生殖生理、繁殖技术、繁殖障碍控制和繁殖管理四方面。本书除供培养动物繁殖学专门人才使用外,还可用于指导畜牧生产和科研人员的实验工作。

资助项目:

云南省优势特色重点学科生物学一级学科建设项目(50097505)

云南省高校林下生物资源保护及利用科技创新团队(51400605)

图书在版编目(CIP)数据

　　动物繁殖学实验实训教程 / 周杰珑,张明主编 . --
北京：高等教育出版社,2022.3
　　ISBN 978-7-04-052133-7

　　Ⅰ.①动… Ⅱ.①周… ②张… Ⅲ.①家畜繁殖-高
等学校-教材②家禽育种-高等学校-教材 Ⅳ.① S814

　　中国版本图书馆 CIP 数据核字(2019)第 125259 号

DONGWU FANZHIXUE SHIYAN SHIXUN JIAOCHENG

| 策划编辑 | 李光跃 | 责任编辑 | 李光跃 | 封面设计 | 李卫青 | 责任印制 | 刘思涵 |

出版发行	高等教育出版社		网　　址	http://www.hep.edu.cn
社　　址	北京市西城区德外大街4号			http://www.hep.com.cn
邮政编码	100120		网上订购	http://www.hepmall.com.cn
印　　刷	北京玥实印刷有限公司			http://www.hepmall.com
开　　本	787mm×1092mm　1/16			http://www.hepmall.cn
印　　张	8.25			
字　　数	210 千字		版　　次	2022 年 3 月第 1 版
购书热线	010-58581118		印　　次	2022 年 3 月第 1 次印刷
咨询电话	400-810-0598		定　　价	24.00 元

前　言

　　动物繁殖学是动物科学专业重要的专业基础课，是生物科学与动物生产相结合、理论和实践紧密结合的一门应用性学科。动物繁殖理论的学习，需要在实验和实践中深入体验，在生产中深入体会动物繁殖学理论的实际意义。在以往的实验实践教学中，往往存在"实验实践教学与生产实践的脱节、科研与生产实践结合不够紧密、实验实践教学手段和形式单一"等问题，难以满足新形势下与时俱进的动物生产实践的迫切需求。为此，为了提高教学效果，特别是强化学生在生产实践中的运用能力，在本书编写过程中，我们注重了科教融合，突出了动物繁殖理论和技术与生产实践的结合，邀请在高校长期从事动物繁殖学教学的教师和生产单位的一线专家参与编写工作，力求让本教程在充分吸纳动物繁殖领域最新的理论和技术的同时，能真正融入动物生产实际，让学生学有所用，使得动物繁殖学的新技术、新方法更快更好地在生产中得以实施、推广和应用，达到切实培养优秀动物科技人才的目的。

　　本书根据我国高等农林院校动物繁殖学教学基本要求，结合多年动物繁殖学实验教学和动物繁殖生产实践，同时参考国内外该领域新理论和新技术的基础上，组织相关高校和生产单位编写而成。全书分为实验篇和实训篇两大部分，共设计了 12 个实验项目和 7 个实训项目，涉及猪、牛、羊、鸡、兔、小鼠等动物。主要内容包括动物生殖生理、繁殖技术、繁殖障碍控制和繁殖管理四方面。本书除供培养动物繁殖学专门人才使用外，还可用于指导动物生产和科研人员的实验工作。各高等农林院校可根据自身教学内容、学时、条件、动物种类等进行适当选择和精简来使用本书。

　　本书在文字校对、图表选用等方面，陶瑞、李非平、王黎明、艾仁达、邱雨等硕士研究生、本科生做了大量工作，在此一并表示感谢。

　　限于编者的知识水平和经验，不足之处在所难免，恳请同行及读者提出宝贵意见，以便今后加以完善和改进。

编者

2020 年 11 月

目　　录

第一部分　实验篇

实验一 动物生殖器官解剖构造观察

一、实验目的

了解哺乳动物、禽类生殖器官的解剖学特征及其结构与功能的关系；重点掌握兔、鸡及小鼠的生殖器官的位置、形态和三者的比较特征。

二、实验材料与用品

1. **实验材料**：兔（两公两母），鸡（两公两母），昆明小鼠（四公四母）。
2. **实验器具**：手术器械1套（剪刀、镊子、手术刀），50 mL注射器1支，解剖盘（大小各1~2个）。

三、实验内容及步骤

（一）生殖器官解剖

1. 兔的生殖器官解剖

（1）抓兔：从颈后部用右手抓住兔的两个耳朵，防止兔因痛而回头咬人，左手抓住兔的臀部。

（2）保定：两人合作，一人左手抓住兔的后肢，双脚夹在一起抓，右手压住兔的躯体；另一人抓住兔的前肢和双耳根部，兔爪子锋利，操作时要小心被划伤。

（3）剪毛：在兔的耳背上缘侧找到耳静脉，用毛剪或用手将附近的细毛除去。

（4）处死：用75%的乙醇棉球擦拭去毛部位，使耳静脉膨胀，便于插针，若效果不明显，也可用手指轻弹耳静脉，使其充血膨胀。右手拿注射器，左手指固定兔耳，插针前先吸入20 mL空气，然后插针。使针头斜面向上斜45°角方向插进兔耳静脉，然后将空气推进。

（5）剪毛：待确定兔死亡后，先用少量水弄湿腹部的毛，防止剪毛时毛屑乱飞。剪毛时要贴着皮肤剪，剪下的毛放入装有水的烧杯中，不能丢在托盘上。

（6）解剖：首先剪开皮肤，在腹部中间位置剪开一个小口，操作时可用镊子或手将皮肤拉起，然后往上下两边分别剪开皮肤，这时就可以看见腹中线，用镊子夹起腹中线两侧的肌肉，用手术刀在腹中线上划开一个小口，然后在镊子或者手指的引导下剪开腹肌，往上剪到胸部软骨位置，往下剪到盆骨腔。此时就可以看见兔的内脏器官，将内脏扒向一边，便可以看见生殖器官。

（7）分离生殖器官：首先要切断耻骨联合处，否则很难分离出完整的生殖器官。公兔生殖器官按照睾丸→附睾→输精管→副性腺→阴茎的顺序分离（图 1-1），母兔生殖器官按照卵巢→输卵管→子宫→阴道→外阴的顺序分离（图 1-2）。

（8）剥皮：分离生殖器官完毕后，将兔的皮剥去。

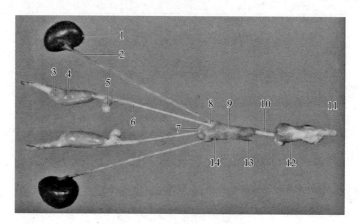

图 1-1 公兔泌尿生殖系统

1. 肾；2. 输尿管；3. 附睾头；4. 睾丸；5. 附睾尾；6. 输精管；7. 膀胱；8. 输精管壶腹；
9. 前列腺；10. 尿生殖道骨盆部；11. 阴茎；12. 阴茎缩肌；13. 尿道球腺；14. 精囊腺

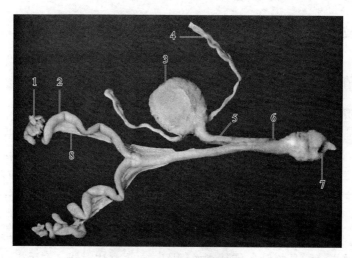

图 1-2 母兔泌尿生殖系统

1. 卵巢；2. 子宫角；3. 膀胱；4. 输尿管；5. 尿道；6. 阴道；7. 阴门；8. 子宫韧带

2. 鸡的生殖器官解剖

（1）放血：采用颈部放血法。一人左手抓住鸡的双脚，右手抓住翅根部；另一人左手抓住鸡的头部，示指和拇指夹住颈部皮肤，使左右两条颈静脉挤向中间，然后用剪刀剪断颈静脉，待血流干、鸡挣扎死亡后才可松手。

（2）去毛：采用湿拔法。水温 90℃左右。先烫鸡的双脚，待脚上的皮能剥下时即可烫身上的毛，烫毛时要轻轻摆动，便于翅膀下等隐藏处的毛也能烫到。

（3）解剖：先用手术刀割破大腿内侧的皮肤，双手抓住两只腿逆向扒开，使大腿骨脱白，鸡便可平稳地放于托盘上。用剪刀在腹部泄殖腔上 2 cm 处开一小口，然后向上剪开腹肌，掰开腹肌和胸肌，然后把内脏拨开，便可见生殖器官。

（4）分离生殖器官：①公鸡（图1-3）：先切断睾丸背系膜，分离出睾丸，顺着输精管往下一直分离到泄殖腔，将整个泄殖腔剪下。②母鸡（图1-4）：先切断卵巢系膜，沿着腹腔背侧系膜，剪下输卵管系统。

图1-3　公鸡生殖系统
1. 睾丸；2. 输精管；3. 输尿管；4. 直肠；5. 肾

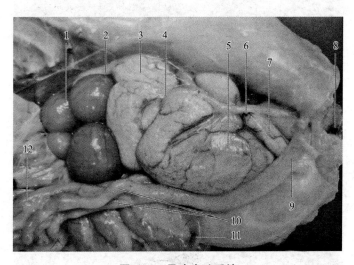

图1-4　母鸡生殖系统
1. 卵巢；2. 漏斗部；3. 膨大部；4. 峡部；5. 子宫及其中的卵；6. 输卵管腹侧韧带；
7. 阴道部；8. 肛门；9. 直肠；10. 盲肠；11. 空肠；12. 回肠

3. 小鼠的生殖器官解剖

（1）抓鼠：打开鼠笼，使用镊子夹住小鼠尾巴，拉至笼外，放置解剖盘中，防止小鼠因受刺激而咬人或抓人。

（2）保定：右手向后拉住尾巴，使小鼠自然向前拉伸身躯，看准时机，压住颈部后面，防止小鼠回头咬人。

（3）处死：采用颈椎脱臼法处死。即用拇指和示指用力往下按住鼠头，另一只手抓住鼠尾，用力稍向后上方一拉，使之颈椎脱臼，造成脊髓与脑髓断离，动物立即死亡。

（4）解剖：将小鼠翻转，使其腹部朝上，用大头针将四肢固定在解剖盘上。操作时，首先用乙醇棉球擦拭腹部，避免操作过程中，毛乱飞影响观察效果；然后用镊子将皮肤拉起，在腹部中间位置剪开一个小口，往上、下两边分别剪开皮肤，这时就可以看见腹中线，用镊子夹起腹中线两侧的肌肉，用眼科剪剪开一个小口，然后往上剪到胸部软骨位置，往下剪到盆骨腔。此时就可以看见小鼠的内脏器官，将内脏扒向一边，便可以看见生殖器官。

（5）分离生殖器官：首先要尽量将腹腔打得足够开，否则不易分离出完整的生殖器官。公鼠生殖器官按照睾丸→附睾→输精管→副性腺→阴茎的顺序分离（图1-5），母鼠生殖器官按照卵巢→输卵管→子宫→阴道→外阴的顺序分离（图1-6）。

图1-5 公鼠生殖器官
1. 睾丸；2. 附睾头；3. 前列腺；4. 膀胱；5. 精囊腺

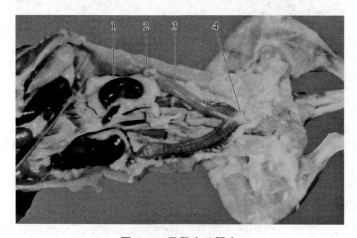

图1-6 母鼠生殖器官
1. 肾；2. 卵巢；3. 子宫角；4. 子宫颈

（二）哺乳动物与禽类生殖器官的解剖学特征观察

1. 公兔

（1）睾丸

位置：阴囊腔内，一对。

形态：卵圆形。

结构：浆膜、白膜、小叶。

功能：生精作用，分泌雄激素，产生睾丸液。

（2）附睾

位置：睾丸背侧缘。

形态结构：由头、体、尾三部分组成，头尾两端粗大，体部较细。

功能：精子成熟的场所，储存精子，运输精子。

（3）阴囊：皮肤组织，包被睾丸、附睾。阴囊能调整其壁的厚薄，保持睾丸温度低于体温，维持生精功能。

（4）输精管

位置：附睾尾端延续形成。

形态结构：精索部→输精管壶腹部→射精孔。由内而外分为黏膜层、肌层和浆膜层。

功能：输送精子，分解、吸收死亡或老化的精子。

（5）副性腺：精囊腺、前列腺和尿道球腺统称为副性腺。

精囊腺：一对，位于输精管末端外侧，扁平囊状。

前列腺：复管状，分为体部、扩散部。

尿道球腺：一对，尿生殖道盆骨部外侧，分为两叶。

功能：稀释精子，提供营养。

（6）阴茎：由海绵体和尿道海绵体组成。

形态结构：圆柱状，前端稍弯曲。

作用：排尿，交配。

2. 母兔

（1）卵巢

位置：一对，位于腹腔腰部，肾脏的后方，有卵巢系膜悬于腰椎体壁上。

形态：卵圆形。

结构：①皮质部（外周）：含有卵泡、闭锁卵泡、黄体等。②髓质部（中央）：疏松结缔组织，富含血管、神经。

功能：产生卵细胞，排卵，分泌雌激素和孕酮。

（2）输卵管

位置：连接卵巢和子宫的结构，包在输卵管系膜内。

形态：分为壶腹部、峡部和伞部。

结构：由内而外分为黏膜层、肌层和浆膜层。

功能：运送卵子，精子受精场所。

（3）子宫

位置：与输卵管末端相连。

形态：左右子宫全部分离，没有任何程度的愈合，属于双子宫类型。

结构：由内而外分为黏膜层、肌层和浆膜层。

功能：胎儿发育的场所，为胎儿提供营养。

（4）阴道

位置：位于盆骨腔，前接子宫，后连阴道前庭，背侧为直肠，腹侧为膀胱和尿道。

形态：管状。

功能：交配，分娩产道，交配后储存精子。

3. 公鸡

（1）睾丸

位置：一对，由睾丸系膜悬吊于腹腔体中线背系膜两侧，约在最后两个肋骨上部。

形态：豆形，乳白色，通常左侧的比右侧的大。

功能：生精作用，分泌雄激素，产生睾丸液。

（2）睾丸旁导管系统

位置：睾丸背内侧缘。

形态：长纺锤形的膨大物。

结构：由睾丸网、输出小管、附睾小管和附睾管组成。

功能：精子进入输精管的通道。

（3）输精管

位置：前接附睾管，沿肾脏内侧腹面与同侧的输尿管在同一结缔组织鞘内后行，到肾脏后端时，输精管越过输尿管腹面，沿着其外缘进入腹腔后部。

形态：一对，呈极端螺旋状，末端突出于泄殖腔腹外侧壁的输尿管口的腹内侧。

功能：储存精子，输送精子。

（4）交媾器

位置：位于泄殖腔后端腹区。

形态结构：由4部分组成，即输精管乳头、脉管体、阴茎体和淋巴壁。

功能：交配。

4. 母鸡

（1）卵巢

位置：由卵巢系膜悬吊于腹腔背侧，前端与肺相接。

形态结构：扁椭圆形，表面呈桑椹状，常见有体积不等的卵泡。

功能：产生卵子，排卵。

（2）输卵管系统

位置：通过双层系膜悬吊于腹腔顶壁。

形态结构和功能：长而弯曲，由5个部分组成。①漏斗部：位于卵巢正后方，获取卵子并纳入输卵管内，是精子受精场所。②膨大部：输卵管中最大、最弯曲的部分，是形成蛋白的部位。③峡部：略窄且较短，是形成卵内、外壳膜的部位。④子宫：形成稀蛋白，子宫腺分泌物形成蛋壳，分泌色素。⑤阴道：交配，暂时储存精子。

5. 公鼠

（1）睾丸

位置：幼年时睾丸藏于腹腔内，性成熟以后则下降到阴囊内。

形态：一对，长卵圆形。

结构：其表面为纤维性结缔组织，内部有无数的生精小管，生精小管之间有间质细胞等。

功能：产生精子、雄激素及睾丸液等。

（2）附睾

位置：附睾头部与睾丸上部的精细管连接，体部在睾丸的一侧下行，尾部与输精管相连。

形态：分头、体、尾三部分。

结构：由环形肌纤维、单层或部分复层柱状纤毛上皮构成。

功能：精子最后成熟场所、精子的储存库及吸收与分泌作用等。

（3）输精管

位置：精子通过的管道，它是由附睾尾部引出的毛细管，在储精囊下面、膀胱的背侧汇合进入尿道。

结构：管壁由内向外分为黏膜层、肌层和浆膜层。

功能：运输、分泌作用等。

（4）副性腺：①精囊腺：呈半月状，形成多数锯齿分叶，内部储存营养精子的白色浓稠分泌物，起着凝固精液腺分泌液的作用，交配后，形成阴栓。②前列腺：分背叶和腹叶，背叶位于尿道的背侧，腹叶位于膀胱基部附近尿道腹侧，它与尿道球腺及精液腺等分泌的液体稀释精液，而使精子更为活跃。③尿道球腺：为球状分泌腺，位于骨盆腔内尿道球的背上方。

（5）包皮腺：小鼠的包皮腺较大，是存于阴茎近腹壁上皮间的瓜籽形的脂质分泌腺，开口于包皮内侧。

（6）阴茎：公鼠交配器官，由阴茎体、龟头组成，不交配时保持于包皮内。

6. 母鼠

（1）卵巢

位置：左右各一，位于肾脏下方。

形态：形似豆状。

结构：①皮质部（外周）：含有卵泡、闭锁卵泡、黄体等。②髓质部（中央）：疏松结缔组织，富含血管、神经。

功能：产生卵细胞，排卵，分泌雌激素和孕酮；成年小鼠除妊娠期外，通常全年呈周期性排卵。

（2）输卵管

位置：位于卵巢与子宫角之间，前端喇叭口朝向卵巢，后端紧接于子宫。

形态：呈盘曲状，左、右各一条。

结构：分为壶腹部、峡部和伞部，由内而外分为黏膜层、肌层和浆膜层。

功能：运送卵子，受精场所。

（3）子宫

位置：与输卵管末端相连。

形态：为"Y"形，分为子宫角、子宫体和子宫颈。左、右子宫角在膀胱背面汇合，形成子宫体。小鼠子宫体分前、后两部，前部由中隔分开，形成两个单独的子宫；后部中隔消失，合而为一，沿体背侧面下行，左、右子宫汇合后于子宫颈末端突出于阴道，形如小丘。

结构：由内而外分为黏膜层、肌层和浆膜层。

功能：胎儿发育的场所，为胎儿提供营养。

（4）阴道

位置：阴道前部连接子宫，后部与阴道口相接，开口于体外。阴道背面与直肠平接，腹面微呈弧形，与尿道相连接。在阴道口腹面稍前方有一隆起，称为阴核。

形态：管状。阴道口在幼年时被皮肤关闭，有被毛覆盖，性成熟后，卵巢开始有功能活动，此时皮肤变得柔软，阴道口自然松开。

功能：交配，分娩产道。

四、实验结果

1. 认识哺乳动物和禽类的生殖器官的位置、形态及解剖学特点。

2. 观察公兔、母兔、公鸡和母鸡的生殖器官的构造，并且比较公兔和公鸡、母兔和母鸡生殖器官的差异。

五、作业

1. 画公兔、母兔、公鸡、母鸡的生殖系统图。

2. 比较公兔和公鸡、母兔和母鸡生殖系统的异同。

实验二　动物性腺等的组织学观察

一、实验目的

通过对睾丸、卵巢等切片的观察，了解睾丸、卵巢等的组织构造，了解精子的发生和卵子的形成过程及其形态；掌握各级卵泡的形态特征；认识精液涂片中精子形态特征和子宫整体横切片中的子宫形态特征。

二、实验材料与用品

1. **实验材料：**睾丸（精巢）切片，卵巢切片，子宫整体横切片等。
2. **实验器具：**显微镜。

三、实验内容及步骤

（一）睾丸（精巢）切片观察

睾丸表面包有浆膜，即固有鞘膜（在一般浸制标本上，该层膜已被剥去），其下为致密的结缔组织构成的白膜，这两层膜构成睾丸的被膜结构。白膜由致密结缔组织形成，其中富有血管。睾丸中隔呈薄膜状，睾丸的小叶则大致呈锥形。曲精细管之间有血管、神经和间质细胞。曲精细管在各小叶的尖端先各自汇合成为直精细管，穿入睾丸纵隔结缔组织内形成弯曲的导管网称为睾丸网（马无此结构），为精细管收集管道，最后由睾丸网分出 10～30 条睾丸输出管形成附睾头。在高倍显微镜下观察时，只能看到睾丸小叶中曲精细管横切的若干断面。

在高倍显微镜下观察睾丸小叶中的曲精细管及间质细胞的形状，间质细胞位于曲精细管之间，体积较大，近似卵圆形或多角形，核大而圆，有分泌雄激素的功能。选一清晰的曲精细管，可以看到管壁为复层上皮和致密结缔组织。上皮细胞成层地排列在基膜上，可分为足细胞和生精细胞两种。

1. **足细胞：**足细胞（podocyte）又称支持细胞（Sertoli cell）。其体积较大而细长，但数量较少，属体细胞。足细胞呈辐射状排列在精细管中，分散在各期生殖细胞之间，其底部附着在精细管的基膜上，游离端朝向管腔，常有许多精子镶嵌在上面。由于它的顶端有数个精子深入胞质内，故一般认为此种细胞对生精细胞起着支持、营养、保护等作用。足细胞失去功能，精子便不能成熟。

2. **生精细胞：**生精细胞（spermatogenic cell）数量比较多，成群地分布在足细胞之间，大致排成 3～7 层。根据不同时期的发育特点，可分为精原细胞、初级精母细胞、次级精母细胞、精子细胞和精子等。

（1）精原细胞：位于最基层，常显示有分裂现象。细胞呈圆形，细胞质比较清亮，核呈圆形，富有染色质，因而着色较深，是形成精子的干细胞。一个活动型精原细胞可分成为 16 个初级精母细胞或 64 个精子。精原细胞根据其形态和功能上的差异，又可分为 A 型精原细胞、中间型精原细胞和 B 型精原细胞。在 400 倍显微镜下，一般难于区别。

　　A 型精原细胞：细胞质较小，呈圆锥形，其中有散在微细的染色质颗粒。

　　中间型精原细胞：核内富含染色质。

　　B 型精原细胞：具有浓厚的染色质，核形圆而小。

（2）初级精母细胞：位于精原细胞上面，排成几层，也常显示有分裂现象。细胞呈圆形且体积较大，核亦呈球形，富有染色体，故着色较深，其染色体因处于不同的活动期而呈细线状或粗线状。在最初阶段与精原细胞不易区别，随着细胞向管腔移动而离开基膜，同时胞质不断增多，胞体变大具有明显胞核。

（3）次级精母细胞：位于生精小管的浅层，常处于分裂状态，在切片上很难看到，细胞亦呈圆形，体积较小，与初级精母细胞相似。通过第一次成熟分裂后，其已接近管腔。

（4）精子细胞：此类细胞大都靠近曲精细管的管腔，常排成数层，并且多密集在足细胞远端的周围。细胞体积小，胞质少，胞核小，着色略深，含有许多线粒体以及明显的高尔基体和中心体，有时在核旁的高尔基体区内可见顶体粒。

（5）精子：靠近管腔存在，可观察到有数个精子附着在足细胞上，呈蝌蚪状，头部染色很深，常深入足细胞的顶部胞质内。精子发育成形后脱离曲精细管的管壁，游离在管腔中，随即进入附睾。

　　以上各种细胞不可能在同一曲精管断面内全部看到，因为各曲精细管的不同断面上，生精细胞所处的发育阶段不同，故必须观察几个曲精细管的断面（图 2-1）。

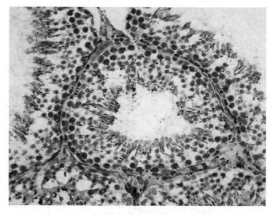

图 2-1　曲精细管横断面（400×）

（二）卵巢切片观察

　　观察时，先用低倍镜作概略观察，找出卵巢的生殖上皮和白膜，卵巢的实质可分为皮质和髓质，髓质位于卵巢中央，主要由结缔组织、血管和神经组成。皮质在周围，占卵巢的大部分，内有许多大小不等的卵泡、少量黄体以及结缔组织。挑选较清楚的各种卵泡移动至高倍镜下仔细观察。

　　1. 原始卵泡：原始卵泡（primordial follicle）位于卵巢皮质部，是体积最小的卵泡。在胎儿期间已有大量原始卵泡作为储备，除极少数发育成熟外，其他均在发育过程中闭锁、退化而死亡。此发育阶段的特点是卵原细胞周围由一层扁平状的卵泡细胞所包裹，没有卵泡膜和卵泡腔。

　　2. 初级卵泡：初级卵泡（primary follicle）（图 2-2）由原始卵泡发育而成。其特点是卵母细胞的周围由一层立方形卵泡细胞所包裹，卵泡膜尚未形成，也无卵泡腔，且此发育阶段之前为促性腺激素的不依赖期。

3. **次级卵泡**：初级卵泡进一步发育，成为次级卵泡（secondary follicle）（图 2-3），位于卵巢皮质较深层，其主要特点是：卵母细胞被多层立方形卵泡细胞所包裹，卵泡细胞和卵母细胞的体积均较初级卵泡大，随着卵泡的发育，卵泡细胞分泌的液体增多，卵泡的体积逐渐增大，卵黄膜与卵泡细胞（放射冠细胞）之间形成透明带。

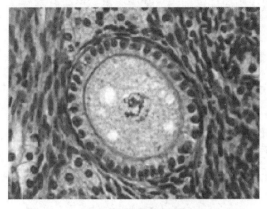

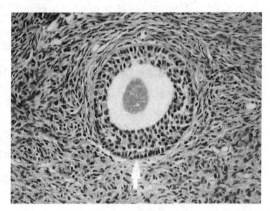

图 2-2 初级卵母细胞　　　　　　　　　　　　　图 2-3 次级卵母细胞

4. **三级卵泡**：三级卵泡（third follicle）或称生长卵泡，由次级卵泡进一步发育而成。在此时期，卵泡细胞分泌的液体，使卵泡细胞之间分离，并与卵母细胞之间间隙增大，形成不规则的腔隙，称为卵泡腔（follicular antrum）。其后随着卵泡液分泌量的逐渐增多，卵泡腔进一步扩大，卵母细胞被挤向一边，并被包裹在一团卵泡细胞中，形成突出于卵泡腔中的半岛，称为卵丘（germ hillock）。其余的卵泡细胞则紧贴在卵泡腔的周围，形成颗粒细胞层。

5. **成熟卵泡**：成熟卵泡（mature follicle）（图 2-4）也称为赫拉夫卵泡（Graafian follicle），早在 1672 年，Regnier de Graaf 对此发育阶段的卵泡进行描述，因此以他的姓氏命名卵泡。实际为三级卵泡进一步发育至最大体积，卵泡壁变薄，卵泡腔内充满液体，这时的卵泡称为成熟卵泡或排卵卵泡。在卵泡的观察过程中，由于切片位置的不同，造成很多有腔卵泡，特别是成熟卵泡，只能观察到无卵母细胞空腔（图 2-5）。另外，除了以上卵泡的分类方法之外，还有以下分类方法，即原始卵泡、初级卵泡及次级卵泡，又称无腔卵泡或腔前卵泡；三级卵泡及成熟卵泡，又称有腔卵泡。

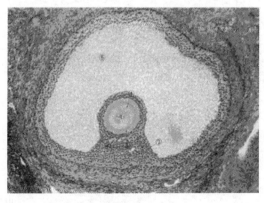

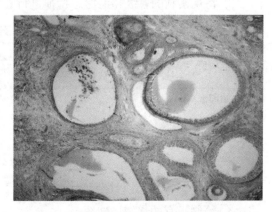

图 2-4 成熟卵泡　　　　　　　　　　　　　图 2-5 无卵母细胞的卵泡空腔（40×）

6. 黄体： 排卵后，由卵泡颗粒细胞、内膜细胞形成。颗粒层细胞增生变大，长满整个卵泡腔，并突出于卵泡表面，由于吸取类脂质而使颗粒细胞变成黄色。黄体中央有结缔组织。黄体的功能为分泌孕酮，维持妊娠。根据所处的时期不同，可分为红体、黄体和白体三种。

红体：成熟卵泡排卵后，血管破裂，血液进入卵泡腔，形成的血凝块。

黄体：血细胞被吸收，颗粒细胞吸收类脂质而演化为黄体细胞。

白体：由黄体细胞退化形成。黄体细胞退化为成纤维细胞，黄体变小，形成白斑痂。

（三）其他生殖器官的组织学特征

1. 输卵管： 由漏斗部、壶腹部、峡部组成。由内而外分为黏膜层、肌层和浆膜层。

黏膜：由黏膜上皮和固有膜组成。黏膜可以形成皱褶，适于卵的停留、吸收营养和受精。壶腹部皱褶最多，靠近子宫越少。

肌层：分为内环肌和外纵肌，内环肌着色深，细胞排列紧密；外纵肌着色稍浅。厚度由卵巢向子宫端逐渐增厚，峡部最厚，肌层的收缩有利于卵向子宫移动。

2. 子宫： 子宫壁分为黏膜、肌层和外膜三层。

黏膜：由上皮和固有膜组成。上皮陷入固有膜形成子宫腺，具分泌作用；固有膜为环形结缔组织，之间含大量淋巴、血管、子宫腺。

肌层：分为内环肌和外纵肌，内环肌较厚，外纵肌较薄，内环肌和外纵肌之间为血管层，其中有神经分布。

外膜：为浆膜，由疏松结缔组织等构成。

通过子宫切片，观察各类型子宫形态特征（图 2-6）。

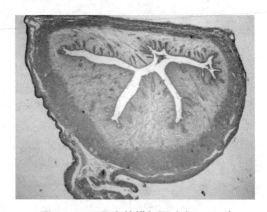

图 2-6 双子宫的横切图（兔，4×）

四、作业

1. 绘制 3～4 个曲精细管横切面的构造图（标记相应精子发生各个时期细胞）。
2. 绘出所观察到卵巢上发育典型的各级卵泡构造图（标记各级卵泡名称）。
3. 将观察到的各级卵泡形态特征进行总结，并完成表 2-1。

表 2-1 各级卵泡形态特征

卵泡项目	卵泡颗粒细胞有无与层数	卵泡腔	透明带	卵泡膜	放射冠	卵丘
原始卵泡						
初级卵泡						
次级卵泡						
三级卵泡						
成熟卵泡						

4. 绘制子宫的组织构造图。

实验三　孕马血清促性腺激素和促卵泡素活性的生物效价测定

一、实验目的

测定孕马血清促性腺激素（PMSG）的生物效价；掌握激素生物学测定的一般方法。

二、实验原理

激素的生物学测定方法有子宫增重反应、鸡冠发育反应、卵巢增重反应、排卵实验和阴道涂片检查等。

PMSG 存在于妊娠 40~150 天的母马血清中，它产生于双核或多核的滋养层细胞形成的杯状结构。一般在母马妊娠的 38~40 天，PMSG 开始在血液中出现；55~75 天时，迅速增加达到 50~100 U/mL，这种浓度可以维持 40~65 天。此后，PMSG 急剧下降，到妊娠 160~180 天时，完全消失。

PMSG 兼有促卵泡素（FSH）和黄体生成素（LH）的生物学作用，而以 FSH 活性为主。因此，PMSG 作用于即将达到性成熟年龄的雌幼小鼠，可促进卵巢上卵泡的发育和雌激素的分泌。在雌激素的作用下，进一步促进小鼠子宫、卵巢及整个生殖器官的发育、增大。PMSG 是大分子糖蛋白，半衰期可达 40~125 h。在生物效价测定过程中，作一次注射即能达到预期的生物效应。本实验采用子宫和卵巢的增重反应测定 PMSG 的生物效价。将 PMSG 按照不同稀释梯度作为测试组，注射药物的小鼠根据子宫增重的程度和对照组比较，能使小鼠子宫增大 1 倍者，确定为阳性反应。在各测试组中，将呈阳性反应的最小剂量确定为 1 个鼠单位（MU）。

三、实验材料与用品

1. **实验材料**：健康的 18~23 日龄（将达到性成熟日龄）、体重 9~13 g 同源雌幼小鼠。各测试组内实验鼠出生日龄相差不得超过 3 天，体重相差不超过 3 g。

2. **实验器具**：1 mL 注射器，4 号针头，微量移液器（200 μL、5 mL）与相应规格的加样头，手术器械一套（解剖剪、镊子、直头眼科镊、弯头眼科镊），小鼠解剖台，玻璃板，鼠笼，烧杯，天平（带砝码），电子天平，称量杯，解剖显微镜，乙醇棉球。

3. **药品与试剂**：孕马血清或未知生物效价的 PMSG，生理盐水。

孕马血清制备方法：选择妊娠 60~100 天的健康母马（最好选用轻型马），由颈静脉采血（一般母马每次可采 1 000~2 000 mL，回输等量的 5% 葡萄糖生理盐水）盛于消毒、干燥的烧杯中，放在较温暖处使其迅速凝固。可在凝固后的血块上压以消毒过的重物，以便析出更多的血清。将析出的血清吸出分装备用。如暂时不用，可 −20℃低温保存，或加入 0.5% 的苯酚防腐，放在冷暗处可保存 1 年。

四、实验内容及步骤

（一）测试组的确定

供测药品需用生理盐水按等差级数稀释成若干不同浓度的测试组。在已确定的测试组群中，应将供试品的估计效价组包括在内。如果供试品效价不明时，可先将各测试组的组距浓度加大，先进行粗检，待确定其效价范围后，再将各测试组的组距浓度减小，以测定出较为精确的效价含量。

测定孕马血清或未知生物效价 PMSG 的生物效价时，可以直接测定出每毫升（毫克）的效价值。妊娠母马血液中 PMSG 的含量较高（20 ~ 350 U/Ml），因此获得的孕马血清样品要按照一定比例稀释成测试组。

在测定激素效价过程中，应根据测试样品中 PMSG 可能的剂量及其特点，分别制定出各测试组的稀释方法。按下列公式确定需要加入生理盐水的毫升数：

$$X = \frac{A(M_1 - M_2)}{M_2}$$

式中：M_1 为已知浓度溶液；M_2 为欲配浓度溶液；A 为取 M_1 的毫升数；X 为需加生理盐水毫升数。

1. **孕马血清测试组的确定**：每取 0.1 mL 孕马血清，按表 3-1 加入不同量的生理盐水，稀释成不同浓度作为各测试组（表 3-1）。

2. **未知生物效价的 PMSG 测试组的确定**：孕马血清经过分离纯化制备的未知生物效价的 PMSG，一般以冻干制剂形式存在，其效价比孕马血清高（PMSG 纯品 3.59 μg=1 U），可先用生理盐水稀释成 1 mg/mL，然后再按照表 3-2 稀释成各测试组。

表 3-1　孕马血清稀释倍数折算小鼠单位表

组别	每 0.1 mL 血清中加入生理盐水量 /mL	稀释后血清浓度	每只鼠注射量 /mL	注射鼠数 / 只	实际注入鼠体内血清量 /mL	每毫升血清中含有小鼠单位 /MU
1	1.1	1/12	1/5	5	1/60	60
2	1.5	1/16	1/5	5	1/80	80
3	1.9	1/20	1/5	5	1/100	100
4	2.3	1/24	1/5	5	1/120	120
5	2.7	1/28	1/5	6	1/140	140
6	3.1	1/32	1/5	5	1/160	160
7	3.3	1/36	1/5	5	1/180	180
8	3.9	1/40	1/5	5	1/200	200

续表

组别	每 0.1 mL 血清中加入生理盐水量 /mL	稀释后血清浓度	每只鼠注射量 /mL	注射鼠数 / 只	实际注入鼠体内血清量 /mL	每毫升血清中含有小鼠单位 /MU
9	4.3	1/44	1/5	5	1/220	220
10	4.7	1/48	1/5	5	1/240	240

表 3-2　未知生物效价的 PMSG 稀释倍数折算小鼠单位表

组别	每 0.1 mL PMSG 稀释液加入生理盐水量 /mL	稀释后 PMSG 浓度 /(mg·mL^{-1})	每只鼠注射量 /mL	注射鼠数 / 只	实际注入鼠体内 PMSG 量 /mg	每毫克 PMSG 中含有小鼠单位 /MU
1	1.1	1/12	1/5	5	1/60	60
2	1.5	1/16	1/5	5	1/80	80
3	1.9	1/20	1/5	5	1/100	100
4	2.3	1/24	1/5	5	l/120	120
5	2.7	1/28	1/5	6	1/140	140
6	3.1	1/32	1/5	5	l/160	160
7	3.3	1/36	1/5	5	l/180	180
8	3.9	1/40	1/5	5	1/200	200
9	4.3	1/44	1/5	5	1/220	220
10	4.7	1/48	1/5	5	1/240	240

3. **对照组**：在给测试组雌幼小鼠注射测试样品的同时，给对照组雌幼小鼠注射同样剂量的生理盐水。

（二）雌性小鼠的选择

选择 18 ~ 23 日龄、体重 9 ~ 13 g 的健康同源雌幼小鼠。各测试组内实验鼠出生日龄相差不超过 3 天，体重相差不超过 3 g。选择的鼠作好标记，并用天平称量其初始体重（W_0）。

（三）注射

1. **注射剂量和次数**：按各测试组要求，注射稀释成不同浓度的 0.2 mL 的孕马血清或未知效价的 PMSG。每个测试组需注射 5 只雌幼小鼠。孕马血清或未知效价的 PMSG 只作一次注射。

对照组亦为 5 只雌幼小鼠，在每次给各测试组小鼠注射的同时，对照组注射同样剂量的生理盐水。

2. **注射部位**：将各组测试样品和对照组生理盐水，准确地注射于小鼠的皮下或腹腔内。

3. 注射方法：用手指捏住小鼠的头及尾部固定（图3-1），以乙醇棉球消毒其背部，提起皮肤，将注射针头平插刺入皮下，将针头微向上挑起不露出针尖时，再注入药物。随着药物的推入，在皮下可看到鼓起一个小泡，即证实药物确已注入皮下部位。皮下注射时防止药液从针孔处逸出；腹腔注射时针头刚进入腹腔后向上挑，防止损伤小鼠腹腔内器官。注射针头宜选用小号细针头。注射药物后的小鼠自由饮水、采饲，自然光照。

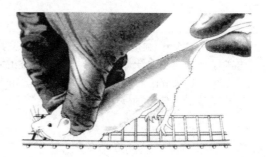

图3-1 小鼠的固定

（四）剖检

1. 剖检时间：测试小鼠应在注射药物后的 72～76 h 内进行剖检。

2. 剖检步骤

（1）称量处死前小鼠体重（W_1）。

（2）处死小鼠：采用颈椎脱臼法处死小鼠。将小鼠头部固定，用力牵拉鼠尾，可感到颈椎部位脱臼的振动。也可用示指和拇指直接掐断颈椎致死。然后用图钉将小鼠呈仰卧姿势固定于小木板上或鼠解剖台上。

（3）剖腹：将处死并固定好的小鼠，沿腹中线剪开皮肤，乙醇棉球消毒后剖开腹腔（图3-2），向前方揭去肠胃内脏，即可在肾脏后方看到两侧呈乳白色的卵巢及与输尿管相平行的两子宫角（图3-3）。

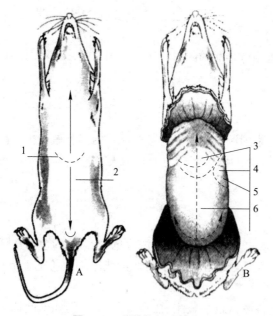

图3-2 小鼠的剖腹过程

A. 皮肤剪切过程　B. 腹腔剪切过程

1. 皮肤剪切；2. 皮肤剥离方向；3. 肝部；4. 腹膜；5. 脾脏；

6. 腹腔剪切线

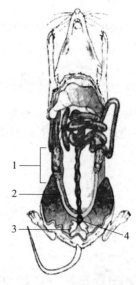

图3-3 小鼠卵巢与子宫的解剖位置

1. 卵巢、输卵管、脂肪块；2. 子宫；

3. 脂肪块；4. 膀胱

（4）组织剥离：将卵巢及子宫周围的组织剥离，于膀胱前的子宫颈段剪断，夹住子宫颈向上提起，即可将子宫及卵巢摘出（图3-4）。

（5）剔除附属组织：按各测试组的顺序，将摘出的子宫平置于玻璃板上，剔除子宫周围的附属组织。为了防止子宫干涸，可滴上生理盐水浸润。

（6）用电子天平称量小鼠两侧子宫（包括输卵管）和卵巢总质量（W_R），然后将卵巢从输卵管处分离（图3-5），测定两侧子宫和输卵管的质量（W_U）。

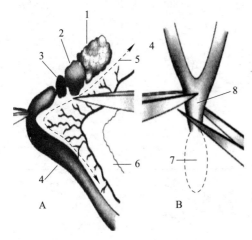

图3-4　小鼠卵巢子宫的剥离

A. 子宫卵巢系膜的剥离　B. 子宫颈的剪切

1. 脂肪块；2. 卵巢；3. 蟠曲的输卵管；4. 子宫角；5. 系
膜剥离线；6. 系膜；7. 膀胱；8. 子宫颈

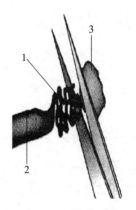

图3-5　卵巢的分离

1. 输卵管；2. 子宫角；3. 卵巢

（五）效价确定

将各测试组雌幼小鼠的子宫与对照组子宫相对比。在每组5只雌幼小鼠中，若有3只鼠的子宫、输卵管和卵巢质量增大1倍，则确定该组为阳性反应组。将各测试组中呈阳性反应的最低浓度组的效价值确定为1 MU，然后换算出每毫升孕马血清中含有的MU。

若稀释后被测样品浓度在$1/X$以上的各组均呈阳性反应，则$1/X$浓度的测试组即为呈阳性反应的最低浓度。

实际注入鼠体的被测样品药液量毫升数为L/X。

可以认为，$1/5X$ mL的被测样品可使雌幼小鼠的子宫呈阳性反应，即定位一个小鼠单位（MU）。那么，1 mL的被测样品药液即能够使$5X$个雌幼小鼠的子宫呈阳性反应。这样，每毫升的被测样品药液中含有的生物效价即为$5X$个小鼠单位（MU）。

五、作业

1. 填写表3-3。

表 3-3 实验结果数据表

组别	实验组 /g						对照组 /g						MU
	W_0	W_1	W_1-W_0	W_R	W_U	W_R-W_U	W_0	W_1	W_1-W_0	W_R	W_U	W_R-W_U	
1													
2													
3													
4													
5													
6													
7													
8													
9													
10													

2. 计算出被测样品中含有的促性腺激素的小鼠单位。

3. 分析 PMSG 处理与小鼠的体重变化是否存在相关性。

实验四　促性腺激素对小鼠发情周期的影响

一、实验目的

观察促性腺激素对小鼠发情周期、生殖器官的影响；通过啮齿类雌性动物发情期间阴道细胞图谱构建，了解与发情周期阶段的时间对应关系；通过PMSG作用，进一步认识雌激素的生理作用。

二、实验原理

性成熟后的雌性动物的发情周期主要受下丘脑－腺垂体－性腺轴及性腺激素反馈信息的调节。促性腺激素调节卵巢周期性的活动，卵巢释放的雌激素有促使雌性发情，促进子宫内膜增生，阴道上皮增生角质化的作用。在啮齿类雌性动物的性周期不同阶段，阴道黏膜发生比较典型的周期性变化，据此可判断性周期的阶段。

本实验通过注射PMSG，了解其生理作用；同时利用PMSG引起的卵巢雌激素分泌，继而由雌激素引起啮齿类雌性动物阴道细胞图谱的变化来证实雌激素的产生和生理作用。

三、实验材料与用品

1. **实验材料**：接近性成熟的雌性昆明小鼠。
2. **实验器具**：1 mL一次性注射器，手术剪，镊子，鼠笼，脱脂棉，载玻片，盖玻片，消毒小棉签，显微镜等。
3. **药品与试剂**：PMSG，吉姆萨染色液或瑞特染色液，生理盐水，蒸馏水或去离子水等。

四、实验内容及步骤

（一）PMSG处理

取PMSG，用生理盐水或专用稀释液溶解、稀释后，于16∶00—17∶00用1 mL一次性注射器给每只小鼠腹腔注射5~10 U。分别在注射12~24 h、46~48 h、60 h、72 h后，采用阴道细胞涂片检查确定主要阴道脱落细胞的类型，进而判定所处发情周期的阶段。

（二）阴道涂片检查

1. 阴道黏液涂片制作

（1）取样：左手抓取小白鼠进行适当保定，右手取灭菌小棉签，用生理盐水湿润后轻轻插入阴门，充分插入阴道中，转动棉签2~3圈，获取阴道细胞，然后，轻轻抽出棉签。

（2）涂片和固定：将取样棉签在准备好的载玻片上滚动涂片，即将阴道内容物均匀地涂于载玻片上，自然充分干燥，或立即浸入甲醇溶液5~10次进行固定。

（3）染色：将载玻片平放，在固定好的样品或充分干燥的样品上滴入几滴吉姆萨染色液或瑞特染色液，约3 min后，加等量蒸馏水或去离子水，用滴管吹动液体使水与染液混匀，再染5~6 min，然后用自来水小心轻轻冲去染液，自然晾干即可镜检。

2. 在显微镜下观察阴道涂片的组织学变化

在100~400倍镜下进行观察，确定主要细胞类型，判定发情周期阶段。

（1）发情前期：有大量脱落的有核上皮细胞，多数呈卵圆形（图4-1）。

（2）发情期：有很多无核的角化鳞状细胞，细胞大而扁平，边缘不整齐（图4-2）。

（3）发情后期：无核角化上皮细胞减少，并出现有核上皮细胞和少量白细胞（图4-3）。

（4）间情期：主要有白细胞，无核角化细胞减少，有核上皮细胞逐渐增多，以及黏液（图4-4）。

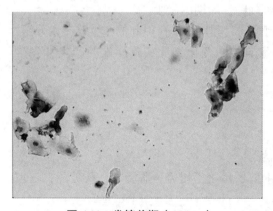

图4-1　发情前期（400×）

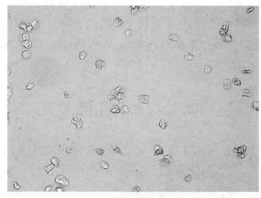

图4-2　发情期（100×）

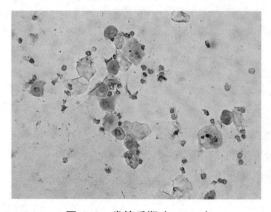

图4-3　发情后期（400×）

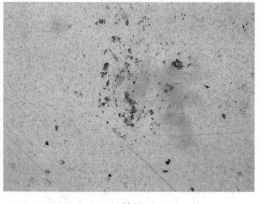

图4-4　间情期（100×）

（三）生殖器官同步验证

阴道细胞学检查完毕，同步从外阴部观察以及采用颈椎脱臼法处死小鼠，剖腹获取子宫、输卵管和卵巢，观察卵巢、子宫形态（或直接在腹腔中观察）；从另一角度验证阴道细胞学检查判定发情周期阶段的准确性，同时理解雌激素对生殖器官的作用。各时期卵巢表现如下。

间情期：有黄体（质地硬、光滑）；发情前期：卵泡迅速发育（质地较软）；发情期：有波动感，有一触即破之感；发情后期：黄体形成（质地硬，有破口）。

五、作业

1. 描述和绘制实验中发情周期某阶段的小鼠阴道细胞图谱，描述子宫、输卵管及卵巢的情况，说明不同指标表现反映发情周期是否具有一致性？

2. 试述 PMSG 和雌激素的生理作用。

实验五 精子顶体检查和精子存活时间、存活指数的测定

一、实验目的

学习精液抹片染色技术；观察正常精子顶体和异常精子顶体形态，计算精子顶体完整率；掌握精子活力检查、存活时间测定、存活指数的计算方法。

二、实验原理

顶体在精子受精过程中起着重要的作用，因它能释放蛋白质水解酶，消化卵丘细胞之间的黏合基质，使精子能够通过卵的被膜进行受精。顶体结构畸形，可导致受精率降低或者不受精。精子老化或损伤，会引起顶体帽破坏，先是顶体嵴部分变化，最后整个顶体消失。这些变化可用电镜观察到，用微分干涉差显微镜及相差显微镜也能看到。精子顶体检查是评定精液冷冻效果的重要指标。精液冷冻解冻会损伤一些精子，重要的是要准确知道受伤精子百分数。优质奶牛精液冷冻前，约90%的精子具有完整的顶体，冷冻后下降至60%~65%。研究表明，顶体完整率与不返情率的相关性比精子活率与不返情率的相关性更强。因而，检查精子顶体完整率很重要。

精子存活时间和存活指数是评定精液品质的一个重要指标。存活指数是同时反映精子的生存时间和精子活率的综合指标。不同个体动物的精子采用同一种处理方法、同样的保存条件进行比较，以评定精液品质高的种公畜。用同一个体公畜的精液使用不同的稀释液或者以不同的保存方法，以比较其稀释效果和保存效果。

三、实验材料与用品

1. **实验材料**：精液（新鲜精液或解冻后的冷冻精液）。

2. **实验器具**：烧杯，玻璃滴管，小瓷盘，染色架，卫生纸，玻璃平皿，切片盒，血细胞计数器，显微镜，镊子，乙醇棉球，擦镜纸，玻璃移液管，pH 试纸，玻璃棒，冰箱，温度计，广口保温瓶，贮精小瓶，注射器。

3. **药品与试剂**

（1）磷酸盐缓冲液

$Na_2HPO_4 \cdot 12H_2O$ 2.2 g，$NaH_2PO_4 \cdot 2H_2O$ 0.55 g，先用少量蒸馏水溶解，再用蒸馏水定容至 100 mL，然后用 pH 试纸测 pH，应为 7.0~7.2。

（2）甲醛磷酸盐固定液

① $Na_2HPO_4 \cdot 12H_2O$ 2.25 g，$NaH_2PO_4 \cdot 2H_2O$ 0.55 g，置于 100 mL 容量瓶中，加入 0.89% NaCl 溶液约 30 mL，使之溶解。

② 加入甲醛 $MgCO_3$ 饱和液 8 mL。

甲醛 $MgCO_3$ 饱和液的配制方法：在 500 mL 40% 甲醛（福尔马林）中加入 8 g $MgCO_3$。此饱和液必须在 1 周前配好。

③ 用 0.89% NaCl 溶液少许冲洗装过甲醛的量筒置于容量瓶中，并定容至 100 mL。此液配好后，第 2 天即可用。一般在室温下保存。此液 pH 为 7.0～7.2。

（3）吉姆萨原液：吉姆萨原料 1 g；甘油 66 mL；甲醇 66 mL。将吉姆萨染料置于研钵中，先加入少量温热（60℃）的甘油，充分研磨至无颗粒糊状。再将剩余甘油全部倒入，置 56℃ 恒温箱中保温 2 h。分次用甲醇清洗容器于棕色瓶中保存。保持 1 个月后才能使用。此原液放置时间越长越好，但使用前须经过滤。

（4）吉姆萨染液：必须在染色前配制。

吉姆萨原液：缓冲液：蒸馏水的比例为 2：3：5。

例如做 40 个片子，每个片子需用 2 mL 染液。因此需配 80 mL 新鲜染液，则分别取吉姆萨原液 16 mL、缓冲液 24 mL、蒸馏水 40 mL，混匀即可。

四、实验内容及步骤

（一）顶体染色

准备洁净的载玻片，用洗涤灵擦洗，清水冲洗，再用蒸馏水漂洗，以不挂水珠为净。烘干或晾干备用。

1. **抹片**：将需测定的样品摇匀，取 1 滴中层精液平滴于载玻片的右端，取另一张边缘光滑平直的玻片呈 35° 角自精液滴的左面向右接触样品，样品精液即呈条状分布在两个载玻片接触边缘之间。将上面的载玻片贴着平置的载玻片表面，自右向左移动，带着精液均匀地涂抹在载玻片上。切忌直接将精液滴"推"过去而人为造成精子损伤。在制作的抹片背面右端用特种记号笔编号。每份精液样品须同时制作两个抹片。

2. **风干**：自然风干 5～20 min。

3. **固定**：将风干的抹片平置于染色架上，用滴管吸取 1 mL 固定液，滴于抹片上，并使固定液布满于整个抹片表面。静止固定 15 min。

4. **水洗**：用玻片镊夹住抹片一端，将固定液弃去倒入染色缸或平皿内，在装有蒸馏水的烧杯中，上下左右摇晃涮洗，夹住松开镊子几次，取出抹片于磁盘边，待干。

5. **染色**：将固定后的抹片平置于染色架上，用滴管吸取新配制吉姆萨染液约 2 mL，置于要染的玻片上方，保持平行，自左至右挤出染液于抹片上，使染液均匀布满在抹片上。静止染色 90 min。

6. **水洗**：用镊子夹住染片，将染片上的染液弃去倒入平皿内，再在装有自来水的烧杯中冲洗，冲洗方法同上。经数次涮洗，直至水洗液无色为止。洗的过程中，若水已变蓝，则可及时换清水。洗净后可立于磁盘边，待干。

7. **镜检**：将精液染片置于显微镜下，先用低倍镜找到精子，再在 1 000 倍下进行油镜观察。精子顶体呈紫色，包围精子头前部。

8. 精子顶体形态类型：根据精子顶体完整和损伤与否，可将精子顶体形态分为 4 种类型（图 5-1）。

（1）顶体完整型：精子头部外形正常，着色均匀，顶体完整，边缘整齐，可见微隆起的顶体嵴，赤道带清晰。

（2）顶体膨胀型：顶体轻微膨胀，边缘不整齐，顶体嵴肿胀，核前细胞膜不明显或缺损。

（3）顶体破损型：顶体破损，精子质膜严重膨胀破损，着色浅且不均匀，头前部边缘不整齐。

（4）顶体全脱型：精子顶体全部脱落，精子核裸露。

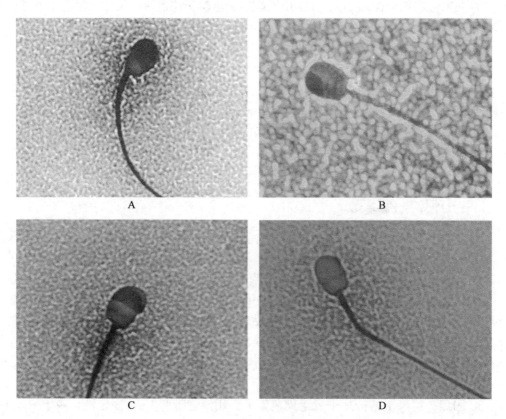

图 5-1　顶体形态

A. 完整型　B. 破损型　C. 膨胀型（分离的膜）　D. 全脱型

9. 计算：根据以上 4 种类型分别统计、观察 300 个精子，并计算出精子顶体完整率。

$$精子顶体完整率 = \frac{顶体完整型精子数}{精子总数} \times 100\%$$

要求两张抹片精子顶体完整率差异不超过 15%。求平均值。

一般精子冷冻前顶体完整率较高，如在我国绵羊为 44% ~ 45%，解冻后 1 h 为 25%。牛精液精子顶体完整率比羊高，猪比羊低。

（二）精子存活时间

1. **存活时间的测定**：将采得的新鲜精液立即稀释 [1 : (2 ~ 3) 倍]，然后缓慢降温至5℃，放入同温度的广口保温瓶或冰箱内保存。每隔4 ~ 6 h检查一次精子活力并作记录。检查时，须用无菌操作方法取1滴精液于载玻片上，覆加盖玻片，置于37℃保温显微镜下评定精子活力。如此定时检查直到在显微镜下无直线运动的精子为止。

亦可以在35 ~ 37℃的水浴锅或恒温箱内用上述同样的方法作精子存活时间测定。

2. **存活时间的计算**：精子存活时间是由第一次评定精子活力开始计时，至倒数第二次评定精子活力时所经历的时间，再加上最后一次至倒数第二次评定精子活力所需时间的1/2（因为精子全部停止直线运动的确切时间无法测知）。如精子在保存36 h后全部已无直线前进运动者，而在倒数第二次（即第30 h）时还可以评出精子活力。因此这个样品的精子存活时间为：

$$30 + 6/2 = 30 + 3 = 33（h）$$

（三）精子存活指数

根据测定出的精子存活时间，每次定时评定的精子活力及间隔时间，即可求出精子的存活指数。以表5-1为例，说明精子的存活时间及精子的存活指数的计算方法：

表5-1　精子存活时间及精子的存活指数计算表

检查时间		两次检查间隔时间	精子活力评定	两次检查平均活力	A 间隔时间 × 活力
日期	时间				
06.01	6	0	0.9		
	12	6	0.7	0.8	4.8
	18	6	0.5	0.6	3.6
	24	6	0.3	0.4	2.4
06.02	6	6	0.2	0.25	1.5
	12	6	0.1	0.15	0.9
	18	6	0	0.05	0.3
精子存活时间		30+6/2=33（h）		精子存活指数	13.5 h（$\sum A$）

注意事项：①精子活力评定时的温度应为37℃，否则会影响评定的准确性；②在整个实验期间，贮精小瓶内的精液温度须保持恒定，在取样观测时，须以无菌操作，以防止整个贮精瓶内精液被污染。

五、作业

1. 观察各种类型精子顶体形态，统计精子顶体完整率，分析制片染色的质量。
2. 测定计算所取样品的精子的存活时间及存活指数。

实验六　精子密度计数、精子活力及死活精子百分率测定

一、实验目的

掌握检查精子密度的方法，即估测法及血细胞计数板测定精子密度；掌握精子活力评定、死活精子染色鉴定及统计死活精子百分率的方法。

二、实验材料与用品

1. **实验材料**：牛、羊、猪、兔等任何一种动物的精液。
2. **实验器具**：解剖工具（眼科剪、眼科镊）及解剖盘，培养皿，显微镜，载玻片，盖玻片，微量移液器及枪头，染色缸（架），血细胞计数板，记号笔，水浴锅，温度计。
3. **药品与试剂**：75% 乙醇，0.9% NaCl 溶液，3%NaCl 溶液，5% 伊红（生理盐水配制），1% 苯胺黑（用 2.9% 柠檬酸钠溶液配制），0.15% 伊红（生理盐水配制），1% 刚果红染液（用 7% 葡萄糖溶液配制），5% 苯胺黑 / 蓝（用 2.9% 柠檬酸钠溶液配制）。

三、实验内容及步骤

（一）精子密度

1. **估测法**：取一小滴精液于洁净的载玻片上，盖上洁净的盖玻片，使精液分散成均匀的一薄层，不得有气泡存留，也不能使精液外流或溢出于盖玻片上。置于显微镜下放大 100 倍观察，按下列等级评定其密度。

密：在整个视野中精子的密度很大，彼此之间空隙很小，看不清各个精子个体运动的情况。每毫升精液含精子数在 10 亿个以上，以 "密" 字登记。

中：精子之间空隙明显，精子彼此之间的距离约有 1 个精子的长度，有些精子的活动情况清楚可见。这种精液的密度评为 "中"，每毫升所含精子数在 2 亿～10 亿个之间，以 "中" 字登记。

稀：视野中精子稀疏、分散，精子之间的空隙超过 1 个精子的长度。这种精液每毫升所含精子数在 2 亿个以下，以 "稀" 字登记。

2. **血细胞计数板（图 6-1）测定精子密度**

（1）稀释和杀死精子：先取原精液加入试管中，再用移液器吸取 3% NaCl 溶液沿着精液瓶壁进行精液的稀释，充分混合均匀。根据精液密度，牛、羊精液做 100～200 倍

稀释，猪、马、兔精液做 10 倍或 20 倍稀释。

（2）精液注入：将洁净的计数板置于显微镜载物台上，固定好，在计数室上盖上盖玻片，将低倍镜调节到计数室视野，然后用微量移液器吸取少量稀释精液，注入盖波片与计数板的接缝处（即边缘），使精液自动（靠毛细作用）渗入计数室（注意别让精液溢出盖玻片之外，也不可让计数室内有气泡或干燥之处，否则应重新做）。

（3）镜检：静置 2 min，100 倍下找到计数室，然后在显微镜 400 倍仔细观察一个中方格（含 16 个小方格）精子，统计出计数室的四角及中央共计 5 个中方格内的精子数或者对角线的 5 个中方格的精子。

（4）计算：由 5 个中方格所统计的精子数代入下列公式即得出每毫升精液的精子数：

5 个中方格总精子数（M）× 5 × 10 × 1 000 × 稀释倍数 = 精子密度（精子数 /mL）

注意事项：①若精子压计数室的线，则以精子头为准，按照"数上不数下，数左不数右"的原则计数，白色精子不计数。②为了减少误差，必须进行两次计数，如果前后两次误差大于 10%，应作第三次检查；最后在三次检查中取两次误差不超过 10% 的，求出平均数，即为所确定的精子数。③载物台要平置，不能斜放；光线不必过强。

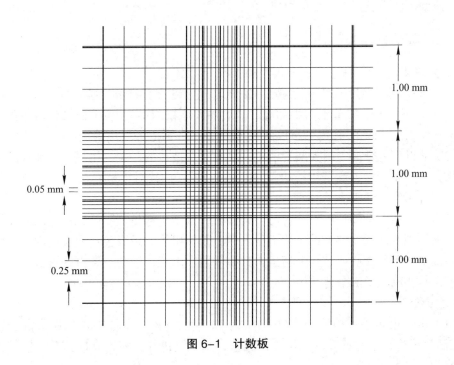

图 6-1　计数板

（二）精子活力（活率）

1. 方法 1

（1）采精后立刻在 22 ~ 26℃的实验室内进行，最好 37℃保温箱或加热台 / 板进行 。

（2）取 1 滴（10 ~ 20 μL）原精液（猪的）或经稀释的精液（牛、羊、鸡等高精子密度动物的），滴在载玻片上，加上盖玻片，其间充满精液，不使气泡存在，显微镜下 400 倍检查。注意显微镜的载物台须放平，最好是在暗视野中进行观察。

（3）精子的活动有 3 种类型，即直线前进运动、旋转运动和摆动。评价精子的活力是根据直线前进运动精子数的多少而定的。

$$精子活力 = 呈直线前进运动精子数 / 总精子数 \times 100\%$$

目前评定精子活力等级的方法有十级制，在显微镜视野中估测直线前进运动精子占全部精子的百分数。直线前进运动的精子为100%者评为1.0级，90%者评定为0.9级。

2. 方法2

（1）用0.9%生理盐水作为稀释液，以保持活精子的正常运动。

（2）显微镜应置于保温箱内，保持37～38℃。

（3）统计4个角的4个及中央1个共5个中方格中的非直线运动（包括死精子、摆动、旋转运动）的精子数，求出每毫升精液中非直线运动的精子数。

（4）将计数板放入120℃的干燥箱中5 min，利用高温杀死全部精子后，计数4角及中央5个中方格的精子数，求出每毫升精液中的总精子数。

（5）计算直线前进运动精子的百分率

$$精子活力 = （总精子数 - 非直线运动的精子数）/ 总精子数 \times 100\%$$

十级制方法同方法1。

（三）死活精子百分率

1. 方法1

（1）将5%伊红和1%苯胺黑按1∶1混匀，分装于1～2 mL容量的试管中（加入试管容量的1/2），并在37℃水浴中加温，随后加入原精液1～3滴（如果为稀释精液或细胞悬液，建议加4滴），摇匀后再放回水浴中，3 min后立即取出待用。

（2）从以上混合液中用火柴棍沾上一小滴于载玻片的一端，用另一载玻片进行推动制成抹片，待干燥后，高倍镜镜检（500～600倍）。抹片时，最好在35～40℃的条件下制作，而且制作过程要快。

结果：活精子头部是不易着色的，镜检时，精子头部是透明、无色的。而死精子则因伊红渗入细胞质，使整个精子头部呈红色；苯胺黑为背景染色，使着色的精子头部可见。在高倍镜下数200或500个精子，其中分别数出死、活精子各占的百分率。活精子百分率总是要比精子活率高。

2. 方法2

（1）伊红染色法：精液与7倍量的0.15%伊红溶液（生理盐水配制）混合，静置2 min滴片镜检，或在载玻片上滴半滴精液，加3滴伊红染液，立即抹片，静置2 min，死细胞为桃红色。

（2）镜检：先用低倍寻找到密度适中、分布均匀的视野，然后改用高倍镜计数，数500个精子，计算其中的死精子，并计算出死亡率。重复2次。

3. 方法3

取小试管1支，内盛1%刚果红染液1 mL（先37℃恒温处理），加入精液0.1～0.2 mL（1～2滴，取100 μL），置37℃水浴中浸染15～20 min，然后取1滴（25 μL）于载玻片的一端，再滴1滴5%苯胺黑或苯胺蓝（25 μL），充分混匀后，马上抹片（盖盖玻片），即可用放大400倍的显微镜观察，死精子着红色，活精子不着色。计数200个精子即可算出活精子的百分率。

$$活精子百分率 = \frac{活精子数}{总精子数} \times 100\%$$

四、作业

1. 计算精子密度（个/mL）（参考：猪精子密度为 1.5 亿～4 亿个/mL），并画出 1～2 个正常精子形态。

2. 计算活力，或计算活精子百分率，并画出 1～2 个死精子形态和 1～2 个活精子形态。

实验七　精子畸形率的测定

一、实验目的

将人工采精获取的精液进行精子形态和畸形率测定，认识正常精子形态、异常精子形态，计算畸形率，了解精液中精子形态与精液品质的关系，掌握精子形态的分类和分析方法。

二、实验原理

由于所需要时间等原因，无须对每次精液进行精子畸形率的测定。但应每月对种用动物进行一次畸形率测定，以绘出精子畸形率变化图。畸形率突然增高，表明存在问题，应查找和分析原因。畸形率在 18% 以内（猪），受精力一般不受影响，随着畸形精子增多，精子活率下降。在检查精子运动力时，可观察到许多畸形精子，也需要进一步作形态学检查。

三、实验材料与用品

1. **实验材料**：本实验选择猪的精液做形态学检查，也可以任何一种动物的精液为材料。
2. **实验器具**：微量加样枪（20 μL、100 μL、200 μL）及枪头，水浴锅，烧杯（50 mL）（5个），刻度玻璃小试管（5 mL）（5支），2 mL 离心管（10支），1 mL 一次性注射器（4支），显微镜，载玻片，盖玻片，染色盒及架。
3. **药品与试剂**：0.9% NaCl 溶液，0.5% 甲紫乙醇溶液。

四、实验内容及步骤

（一）精子畸形率测算

取 100 μL 猪精液，再取 200 μL 生理盐水（事先 37℃ 水浴恒温）稀释精液，在塑料离心管中，轻轻震荡（37℃ 环境）；然后，用微量移液器枪头，吹吐或用枪尖搅匀，再吸取 10 μL 至载玻片一端 35°~45° 角抹片，自然干燥；0.5% 的甲紫乙醇溶液染色 3~4 min，细流冲洗，甩去多余水分，自然晾干后盖盖玻片镜检。

将制好的抹片盖上盖玻片置于显微镜下（400×），查视不同视野的 200 个精子，再找出其中所有的畸形精子数，求出畸形精子百分率。

（二）畸形精子的判定标准

头部畸形：双头、大头、小头、顶体脱落等头部不完整。
尾部畸形：尾折回、尾卷曲、双尾、断尾、尾部套索（粗尾）、长尾、短尾。
整体形态异常：过大、过小。
带有原生质滴的精子视为畸形精子。以上观察最好在显微镜暗视野中进行。

五、作业

1. 描述精子正常形态，异常精子出现的情况主要是什么？
2. 绘制图形，计算畸形率。

实验八　酶联免疫吸附实验——奶牛的妊娠诊断

一、实验目的

掌握酶联免疫吸附测定激素的原理；了解酶联免疫吸附测定激素浓度的实验过程；掌握通过乳汁中孕酮浓度检测进行妊娠诊断的实验过程。

二、实验原理

（一）酶联免疫吸附测定原理

酶联免疫吸附测定（enzyme-linked immunosorbent assay，ELISA），是将抗原、抗体间免疫结合反应的特异性和酶高效催化原理结合起来的一种分析技术。其基本过程是首先将抗原（抗体）吸附在固相载体上，加待测抗体（抗原），再加相应酶标记抗体（抗原），生成抗原（抗体）–待测抗体（抗原）–酶标记抗体的复合物，洗涤除去多余的酶标记抗体（抗原），最后添加与该酶反应能生成有色产物的底物。显色后用肉眼定性判定结果，或用分光光度计的光吸收值衡量抗体（抗原）的量，获得定量的结果。

ELISA 可以检测体内组织中微量的特异性抗原或抗体。激素作为一种抗原也可以应用这种方法检测。ELISA 具有灵敏度高，特异性强，应用范围广泛，操作简便，无放射性污染，容易观察结果，实验费用低等优点，因此发展很快。ELISA 的主要方法有 4 种：直接法、间接法、双抗夹心法和竞争法。

1. **直接法测定**：将抗原吸附在载体表面；加酶标抗体，形成抗原 – 抗体复合物；加底物显色。底物降解引起颜色的变化，颜色的变化可通过肉眼观察或光度计测定。通过底物的降解量得知抗原量。直接测定法简单，主要用于定性检测。其原理和过程见图 8–1。

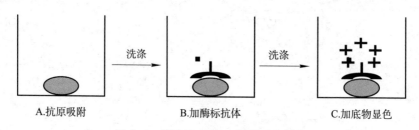

A.抗原吸附　　　　　　B.加酶标抗体　　　　　　C.加底物显色

图 8–1　直接法 ELISA 的原理和过程

2. **间接法测定**：将抗原吸附于固相载体表面；加抗体，形成抗原 – 抗体复合物；然后加酶标抗体；再加底物显色。通过抗抗体的连接，有放大酶标显色的作用。其原理和过程见图 8–2。

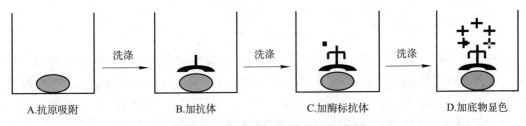

图 8-2 间接法 ELISA 的原理和过程

3. 双抗夹心法测定：将抗原免疫第一种动物获得的抗体吸附于固相表面；加抗原，形成抗原－抗体复合物；然后加抗原免疫第二种动物获得的抗体，形成抗体－抗原－抗体复合物；加酶标抗体（第二种动物抗体的抗体）；加底物。通过底物的降解量获得抗原量。其原理和过程见图 8-3。

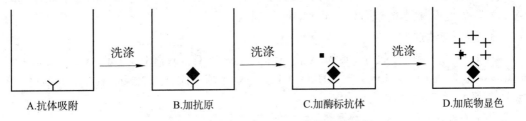

图 8-3 双抗夹心法 ELISA 的原理和过程

4. 竞争法测定：将抗体吸附在固相载体表面，加入酶标抗原，加入酶标抗原和待测抗原，然后加入酶作用底物。通过对照孔与样品孔底物降解量的差可反映未知抗原的量。其原理和过程见图 8-4。

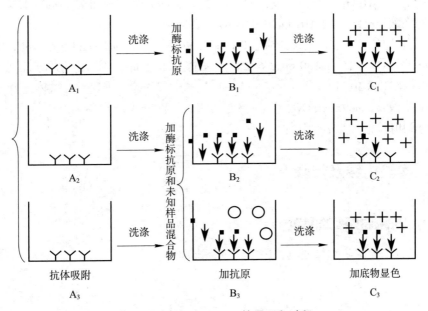

图 8-4 竞争法 ELISA 的原理和过程

（二）妊娠诊断原理

奶牛配种后，如果妊娠，则周期性黄体转变成妊娠黄体，孕酮的分泌量增加。在下一个预定的发情周期前后，血液和乳汁中孕酮的含量比未孕牛显著增加。在配种后的 20 ~ 25 天：奶牛乳汁中孕酮的含量大于 7 ng/mL 为妊娠，小于 5.5 ng/mL 为未孕，介于 5.5 ~ 7 ng/mL 为可疑。通过孕酮检测，可以进行妊娠诊断。

三、实验材料与用品

1. **实验材料**：配种 20 ~ 25 天的奶牛乳汁，孕酮梯度稀释液，准确诊断的未妊娠奶牛乳汁。

2. **实验器具**：聚苯乙烯微量细胞培养板（24 孔平底板），微量加样枪，小烧杯，试管，酶联免疫检测仪（光吸收），恒温孵箱，冰箱。

3. **药品与试剂**

（1）药品：辣根过氧化物酶标记的孕酮抗体，Na_2CO_3，$NaHCO_3$，吐温 –20（Tween–20），NaCl，KH_2PO_4，$Na_2HPO_4 \cdot 12H_2O$，邻苯二胺，柠檬酸，H_2O_2，H_2SO_4，孕酮抗体。

（2）试剂配制

① 辣根过氧化物酶标记的孕酮抗体：工作稀释度 1∶1 000。

② 包被液：0.05 mol/L pH 9.6 碳酸盐缓冲液，4 ℃保存（Na_2CO_3 0.15 g，$NaHCO_3$ 0.293 g，蒸馏水稀释至 100 mL）。

③ 稀释液：pH 7.4 的磷酸缓冲盐溶液（PBS）– 吐温 –20，4 ℃保存（NaCl 8 g，KH_2PO_4 0.2 g，$Na_2HPO_4 \cdot 12H_2O$ 2.9 g，吐温 –20，0.5 mL 蒸馏水加至 1 000 mL）。

④ 洗涤液：pH 7.4 的 0.01 mol/L Tris–HCl 缓冲液。

⑤ 邻苯二胺溶液：临用前配制，0.1 mol/L 柠檬酸（2.1 g/100 mL）6.1 mL，0.2 mol/L $Na_2HPO_4 \cdot 12H_2O$（7.163 g/100 mL）6.4 mL，蒸馏水 12.5 mL，邻苯二胺 10 mg，溶解后，临用前加 30%H_2O_2 40 μL。

⑥ 终止液：2 mol/L H_2SO_4。

⑦ 孕酮梯度液：见表 8–1。

四、实验内容及步骤

（一）孕酮梯度液的配置

按照表 8–1 配制孕酮梯度液，用于绘制标准曲线。

表 8-1　孕酮梯度液

孔号	0.001 mg/mL 的孕酮母液 /μL	稀释液 /mL	孕酮最终浓度 /(ng·mL⁻¹)	孔号	0.01 mg/mL 的孕酮母液 /μL	稀释液 /mL	孕酮最终浓度 /(ng·mL⁻¹)
1	0	1	0	13	24	0.976	24
2	2	0.998	2	14	26	0.974	26
3	4	0.996	4	15	28	0.972	28
4	6	0.994	6	16	30	0.970	30
5	8	0.992	8	17	32	0.978	32
6	10	0.990	10	18	34	0.966	34
7	12	0.988	12	19	36	0.964	36
8	14	0.986	14	20	38	0.962	38
9	16	0.984	16	21	40	0.960	40
10	18	0.982	18	22	42	0.958	42
11	20	0.980	20	23	44	0.956	44
12	22	0.978	22	24	46	0.954	46

（二）孕酮梯度液的测定和标准曲线的绘制

1. 包被抗原：用包被液将孕酮抗体稀释成 25 μg/mL，然后每孔加 100 μL，37℃温育 1 h 后，4℃冰箱放置 16 ~ 18 h 或过夜。

2. 洗涤：倒尽板孔中液体，加满洗涤液，静放 3 min，反复 3 次，最后将反应板倒置在吸水纸上，使孔中洗涤液流尽。

3. 加孕酮梯度液：取 50 μL 不同浓度的孕酮梯度液，加入已包被的微量反应板孔内。其中孕酮浓度为 0 ng/mL 的为稀释液对照。37℃放置 2 h。

4. 洗涤：同 2。

5. 加辣根过氧化物酶标记的孕酮抗体：每孔 100 μL，37℃放置 2 h。

6. 洗涤：同 2。

7. 加底物：邻苯二胺溶液加 100 μL，室温暗处放置 30 min。

8. 加终止液：每孔 50 μL。

9. 观察结果：以孕酮浓度为 0 的空白对照孔的结果作为校正酶标仪的零点，然后在 492 nm 波长下，测定其他孔的 OD 值。将对应孔的 OD 值填入表 8-2 中，并根据该表数据绘制标准曲线。

（三）乳汁中孕酮浓度测定

所有步骤同（二），只是将第 3 步中添加孕酮梯度液换成待测乳汁，空白对照孔添加未妊娠牛乳汁。

（四）乳汁中孕酮浓度的计算

重复测定待测乳汁 3 次，计算平均 OD 值，然后通过标准曲线确定孕酮浓度，并判断该待测乳汁是否来自妊娠奶牛。

五、注意事项

1. 聚苯乙烯微量反应板对蛋白质有较强的物理吸附能力，是理想的也是最常用的固相载体。其优点是样品用量少，使用方便，敏感性和重复性均较好。但有报道，此反应板常有周边效应，孔边缘误差较大，因此用酶标仪读数时要尽量对准孔中央。

2. 乳汁的其他蛋白成分可能会对检测的 OD 值产生影响，因此乳汁测定时要用不含孕酮的乳汁作为空白对照。

3. 使用聚苯乙烯反应板时，包被液宜用低离子强度和偏碱性的缓冲液。常用离子强度范围在 0.01 ~ 0.05 mol/L，这时，蛋白质容易被吸附。若缓冲液的 pH<6.0，会增加非特异性吸附力。在包被蛋白质过程中，为减少非特异性吸附，可在洗涤液中加入吐温 –20，在待测样品稀释液或洗涤液中加入一定量的牛血清白蛋白（BSA）。

4. 包被物的浓度一般控制在 1 ~ 100 μg/mL 的范围内。究竟用哪种浓度可用方阵滴定法来确定。

5. 固相载体吸附蛋白质的量与时间和温度有关。一般采用 37℃ 2 ~ 3 h，或 4℃过夜。

6. 酶结合物与底物的作用随时间的延长而增强。有些底物会随着酶催化时间的延长而发生自发性变性，导致颜色反应加深而影响结果的判断。所以，一般在 20 ~ 60 min 内用酶标仪测定 OD 值，且同一次实验中，底物作用时间应相同。

7. 底物应在临用前配制，避光保存；包被液 4℃保存不宜超过 15 天，需较长时间保存应加 0.2% 叠氮钠。

8. 目前乳汁中孕酮测定的酶联免疫检测试剂盒已有商品供应，使用起来极为快速、方便和灵敏。

六、作业

1. 填写表 8-2，并绘制标准曲线。

表 8-2 实验结果数据表

孔号	1（空白）	2	3	4	5	6	7	8	9	10	11	12
孕酮浓度 /（ng·mL⁻¹）	0	2	4	6	8	10	12	14	16	18	20	22
OD												
孔号	13	14	15	16	17	18	19	20	21	22	23	24
孕酮浓度 /（ng·mL⁻¹）	24	26	28	30	32	34	36	38	40	42	44	46
OD												

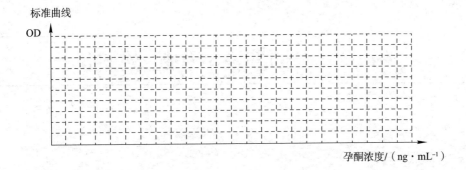

2. 实验采用的是哪种 ELISA 检测方法？

3. 计算乳汁中的孕酮浓度，并判断该配种奶牛是否妊娠。

实验九　同期发情和超数排卵

一、实验目的

通过应用外源生殖激素对母畜进行同期发情和超数排卵处理，以及对排出的卵子和排卵后卵巢上的黄体及残留的卵泡进行观察，了解这些技术的各个环节，为其在胚胎移植等繁殖生物技术和科研中应用打下基础。

二、实验原理

同期发情是对一批或一群雌性动物采取人为的措施（主要是激素的处理和某些管理措施）使动物在一个短时间内集中发情和排卵的技术，也称为发情的同期化。针对小鼠不产生功能性黄体（如果不进行交配刺激/宫颈刺激），通常采用促进卵泡发育、排卵的制剂［如采用 PMSG、人绒毛膜促性腺激素（HCG）、FSH、LH 等］作为小鼠的同期发情和超数排卵的药物。

三、实验材料与用品

1. **实验材料**：达到性成熟雌性昆明小鼠，体型中等，同一批次，处于发情周期中非发情期阶段。

2. **实验器具**：解剖镜，眼科镊，眼科剪，外科剪，解剖针，一次性注射器，培养皿，载玻片。

3. **药品与试剂**：PMSG，HCG，生理盐水，将 PMSG 和 HCG 用 0.9% 的生理盐水配制成 20 U/mL，待用。

四、实验内容及步骤

（一）同期发情及超数排卵处理

采用腹腔注射的方式注射药物。左手提起并固定小鼠，使鼠腹部朝上，鼠头略低于尾部，右手注射器将针头在下腹部靠近腹白线的两侧进行穿刺，针头刺入皮肤后进针 3 mm 左右，接着注射针头与皮肤呈 45° 角刺入腹肌，穿过腹肌进入腹膜腔，当针尖穿过腹肌进入腹膜腔后抵抗感消失。注射量为 0.1 ~ 0.2 mL/10 g。

在第一天 16：00 后某个时间腹腔注射 PMSG 5 ~ 10 U/ 只，等 46 ~ 48 h，再次对此批小鼠进行腹腔注射 HCG 5 ~ 10 U/mL，用此法理论上可获得卵子 30 ~ 40 枚。

（二）卵巢上黄体和残留卵泡的观察及输卵管中卵母细胞的镜检及计数

在注射 hCG 后的 12～13 h 排卵，17～18 h 即可达到输卵管壶腹部，然后对小鼠行颈椎脱臼法处死，剖腹取出双侧的输卵管、子宫及卵巢，放入盛有生理盐水的培养皿中。首先在肉眼或低倍解剖镜下，观察卵巢上的黄体及残留的卵泡。

本实验中主要采用压片法对卵母细胞进行镜检，具体方法是从子宫角、输卵管和卵巢的连接体中将输卵管剪取，即将输卵管与卵巢和子宫角分开（注：将卵巢留做后一阶段观察其上面的黄体和残留的卵泡）；在解剖镜下用解剖针拨去输卵管周围的脂肪后，将其放于两张载玻片之间，观察整个输卵管腔内排卵的数量和形态，重点观察盘曲状的输卵管上面的透明膨大部分区域，即输卵管的壶腹部位置。

观察过程中，一定要保持输卵管被生理盐水浸润的状态。

（三）卵母细胞在输卵管中的形态表现

从显微镜下可以看到输卵管卵母细胞的形态主要呈现的是卵丘 – 卵母细胞复合体（COC），即卵母细胞周围有大量的颗粒细胞，但卵母细胞个体之间还是很好区分，在显微镜下比较容易计数（图 9-1）；因为激素的处理，在小鼠输卵管中的卵母细胞也可能存在少量不正常形态的卵母细胞（图 9-2，图 9-3）。

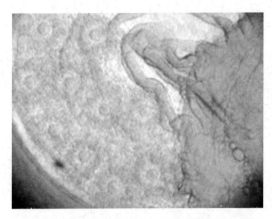

图 9-1　正常情况下卵母细胞和周围颗粒细胞

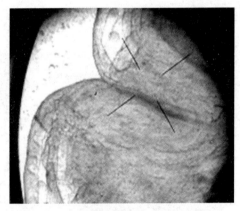

图 9-2　卵母细胞周围颗粒细胞丢失

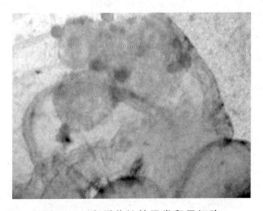

图 9-3　卵质收缩的异常卵母细胞

五、作业

1. 绘制观察到的在输卵管中的卵母细胞形态（包括周围的颗粒细胞）。
2. 记录所观察一侧输卵管中排出的卵子数量和该小鼠排卵的总数。

实验十　超数排卵及早期胚胎的质量鉴定

一、实验目的

通过应用外源性生殖激素对小鼠进行超数排卵处理，初步掌握动物超数排卵的原理和方法；通过观察小鼠早期胚胎的形态结构，初步掌握动物胚胎质量的评定方法。要求熟悉实验操作过程，训练配子、胚胎处置的基本技能，为进一步的胚胎移植及相关胚胎工程的生产和研究打下基础。

二、实验材料与用品

1. **实验材料**：成年雌性、雄性小鼠。小鼠具有个体小，生长快，饲养方便，繁殖力强等特点，是胚胎工程中常用的研究胚胎发育、胚胎干细胞和细胞核移植技术的动物模型。

2. **实验器具**：解剖显微镜（带恒温热台），倒置显微镜（带恒温热台），二氧化碳培养箱，超净工作台，解剖器械一套，各型号培养皿、离心管，巴斯德吸管，1 mL 空针，一次性塑胶手套等。

3. **药品与试剂**：胚胎培养液（可自行配制或使用商品化的培养液），组织培养用油，透明质酸酶，PMSG 注射液，HCG 注射液，消毒乙醇。

三、实验内容及步骤

（一）实验小鼠的选择

选用健康的达到性成熟的成年雌性小鼠，体重一般在 40 g 左右。饲养期不超过 8 个月。小鼠各项生理常数见表 10-1。

表 10-1　小鼠各项生理常数

项目	指标	项目	指标
成年体重	近交系 24 ~ 35 g，杂交系 35 ~ 55 g	寿命	2 ~ 3 年
性成熟	雄鼠 45 ~ 60 日龄，雌鼠 36 ~ 50 日龄	心率	600（328 ~ 780）次 /min
体成熟	60 ~ 90 天	体温	37.5 ~ 38.8℃
性周期	4 ~ 5 天	呼吸量	0.09 ~ 0.23 mL/ 次
排卵时间	发情后 2 ~ 3 h	呼吸次数	163（84 ~ 230）次 /min
妊娠期	19 ~ 21 天	饮水量	4 ~ 7 mL/（只·天）

续表

项目	指标	项目	指标
哺乳期	18~23 天	排尿量	1~3 mL/ 天
窝产仔数	6~15 只，一般可哺乳 8~10 只	饲料量	3~7 g/（只·天）
繁殖持续期	1 年左右，种鼠一般为 6~8 个月	排便量	1.4~2.8 g/ 天

（二）超数排卵处理及小鼠胚胎的收集

1. **注射 PMSG**：选择性成熟的雌性昆明小白鼠，自由采食和饮水，自然光照。每日 16：00 腹腔注射 PMSG（HMG）10 U，间隔 48 h 后注射 HCG 10 U（图 10-1），合笼。次日清晨检查阴道栓。观察到阴道栓者为交配成功。

2. **准备胚胎培养液**：取卵日上午准备捡卵液、胚胎培养液、6% CO_2 培养箱平衡。将巴斯德吸管事先拉制成一定口径（200 μm）的吸管，作为转移胚胎之用。

3. **解剖**：注射 HCG 后 24 h 左右，通过颈椎脱臼法处死小鼠（图 10-2），消毒乙醇喷洒全身，防止毛发飞扬，再剥离腹部皮肤，然后消毒肌肉表面，剖开盆腔，找到卵巢、输卵管和子宫。将子宫颈端提起，剪掉膀胱，将子宫角系膜剪断，取出子宫和输卵管。必要时可将卵巢一起取出。输卵管和子宫角连接处非常脆弱，注意提起时不要将其撕断，然后进一步去掉子宫角上的系膜。

 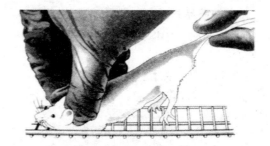

图 10-1　激素注射方法示意图　　　图 10-2　小鼠颈椎脱臼法示意图

4. **胚胎收集**：取出输卵管后，移入培养液中，在解剖镜下用解剖针或注射器针头撕开膨大的输卵管壶腹部，挤出包含受精卵的颗粒细胞团或用注射器向输卵管或子宫角注射液体，冲出胚胎（子宫角冲胚时可分段进行，在冲胚无效的情况下，可将子宫角剖开，在液体中震荡，卵母细胞的收集在输卵管壶腹部，1~16 细胞胚的收集主要在输卵管，桑葚胚和囊胚的收集在子宫角，大致在交配后的 2.5~3.5 天）。

收集到的胚胎如有颗粒细胞，可在解剖显微镜下用透明质酸酶酶解，脱去颗粒细胞，脱去颗粒细胞或没有颗粒细胞的胚胎应过滴洗涤（图 10-3）。洗涤好的细胞放入已经平衡好的胚胎培养基中，一个液滴放置一个卵裂期胚胎，并做好标记，便于后续观察。放置于 6% CO_2 和饱和湿度的培养箱中继续培养（图 10-4）。

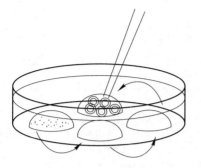

图 10-3　收集到的胚胎连续过滴进行冲洗

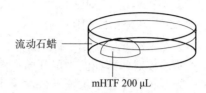

图 10-4　制备液滴，上覆盖石蜡油，置 CO_2 培养箱备用

（三）小鼠早期胚胎的质量评定

目前用于评估胚胎质量的形态学参数有胚胎卵裂球的数目、大小、形状、对称性、胞质形态，有无碎片及透明带的厚度和变异等，具有评估方式简单、迅速、无创和容易开展的特点。

受精后的卵子即发生卵裂，按 2、4、8、16 细胞进行细胞分裂，直至卵裂球数目过多难以计数，称为桑葚胚，桑葚胚进一步发育，形成囊胚。常见哺乳动物早期胚胎的发育速度参见表 10-2。

表 10-2　常见哺乳动物胚胎体外发育时间表

动物种类	发育 /h				
	2 细胞	4 细胞	8 细胞	16 细胞	桑椹胚
小鼠	24 ~ 38	38 ~ 50	50 ~ 60	60 ~ 70	68 ~ 80
大鼠	37 ~ 61	57 ~ 85	64 ~ 87	84 ~ 92	96 ~ 120
豚鼠	30 ~ 35	30 ~ 75	80	–	100 ~ 115
家兔	24 ~ 26	26 ~ 32	32 ~ 40	40 ~ 48	50 ~ 68
猫	40 ~ 50	76 ~ 90	–	90 ~ 96	< 150
马	24	30 ~ 36	50 ~ 60	72	98 ~ 106
牛	27 ~ 42	44 ~ 65	46 ~ 90	96 ~ 120	120 ~ 144
猪	21 ~ 51	51 ~ 66	66 ~ 72	90 ~ 110	110 ~ 114
绵羊	36 ~ 38	42	48	67 ~ 72	96
山羊	24 ~ 48	48 ~ 60	72	72 ~ 96	96 ~ 120
罗猴	24	24 ~ 36	36 ~ 48	–	–
人	26 ~ 28	43 ~ 45	67 ~ 69	–	90 ~ 94

小鼠胚胎呈圆球形，外有透明带，质量优良的胚胎处于正常的发育阶段，透明带规则均匀，卵裂球大小相等，颜色一致，没有或仅有少量细胞碎片。质量较差的胚胎，除发育速度异常外，还有卵裂球大小不等、形态不均、胞质有空泡、存在大量细胞碎片

等状况。

小鼠早期卵裂胚的发育和评分可以分为以下几个过程：

（1）24～38 h：2 细胞胚胎。

（2）38～50 h：4 细胞胚胎。

（3）50～60 h：8 细胞胚胎。

（4）74～82 h：胎儿的生长发育和出生。

本实验仅对卵裂期的小鼠胚胎（图 10-5）进行质量评定。胚胎的形态学评分标准按照Ⅰ、Ⅱ、Ⅲ和Ⅳ 4 个级别进行评定。

Ⅰ级：胚胎细胞数发育阶段与胚龄一致，细胞大小均匀，形状规则，透明带完整，胞质清晰，无颗粒现象，碎片≤10%。

Ⅱ级：胚胎细胞数发育阶段与胚龄基本一致，细胞轮廓清晰，分裂球大小略不均

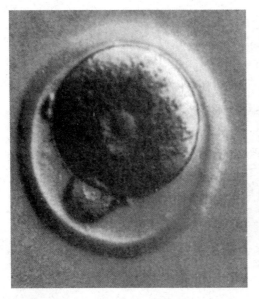

A

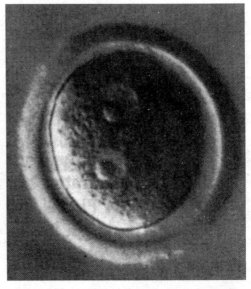

B

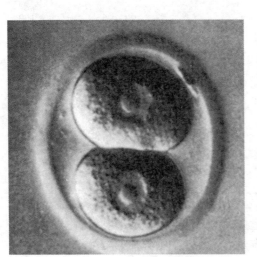

C

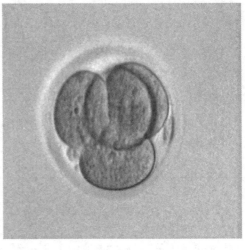

D

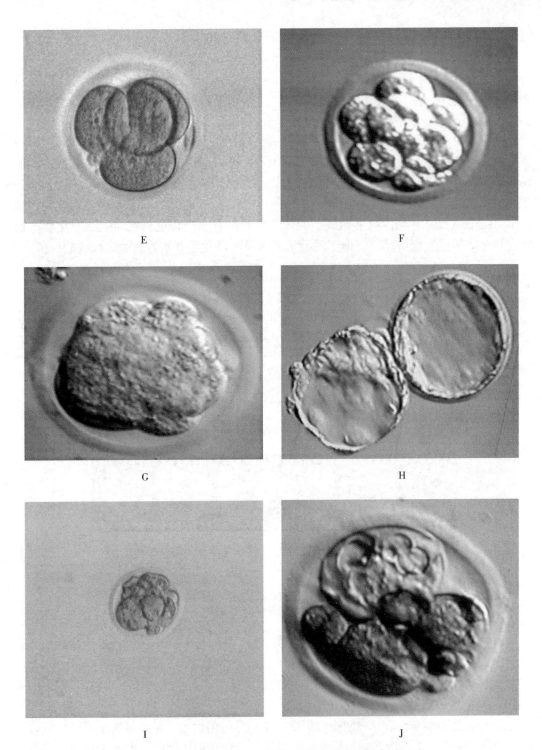

图 10-5 倒置显微镜下观察小鼠早期不同发育阶段的胚胎

A. 卵子 B.双原核受精卵 C.两细胞胚胎 D-E.四细胞胚胎 F.八细胞胚胎

G. 卵裂球融合胚胎 H.孵出囊胚 I. Ⅲ级胚胎 J.Ⅳ级胚胎

匀，形状略不规则，胞质可有颗粒现象，碎片 10% ~ 20%。

Ⅲ级：胚胎细胞数发育阶段与胚龄不太一致，细胞大小明显不均匀，有明显的形状不规则，轮廓不清晰，色调变暗，结构较松散，细胞中存在空泡，碎片占 20% ~ 50%。

Ⅳ级：细胞大小严重不均匀，胞质有严重颗粒现象，碎片达 50% 及以上。

一般来说，Ⅰ级和Ⅱ级胚胎具有较好的发育潜能，Ⅲ级胚胎发育潜能减弱，而Ⅳ级胚胎发育潜能极低。但必须认识到，胚胎的观察和评分具有一定的主观性，且观察胚胎仅在胚胎发育过程中很短的一段时间内进行，因此某一次的观察结果并不能完全代表该胚胎的发育潜能。目前在人类辅助生殖技术中，已有关于胚胎体外发育的实时监测系统 Time-Lamps（图 10-6），对早期胚胎的体外生长发育全过程进行实时监测，更能全面掌握胚胎的体外发育情况，有助于胚胎学家选择更具发育潜能的胚胎进行胚胎移植。

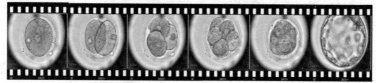

图 10-6　胚胎实时监测系统 Time-Lapse 及其拍摄的胚胎发育图片

四、注意事项

1. 捕获小鼠时戴上手套，防止小鼠咬伤。如不慎被咬伤，应挤压伤口，然后用乙醇消毒。

2. 注射激素时，应将腹部皮肤或体壁挑起，不要将针插入内脏器官，一般用 1 mL 注射器，防止漏药。

3. 母、公小鼠交配后，在阴道口形成一个白色的阴道栓，是公鼠的精液、母鼠的阴道分泌物和阴道上皮混合遇空气后变硬的结果，可防止精子倒流，提高受孕率。阴道栓常视为交配成功的标志。阴道栓在交配后 12 ~ 24 h 自动脱落。

五、作业

1. 简要叙述小鼠超数排卵的处理方法。

2. 阐述小鼠胚胎质量评定的方法，将实验中观察到的小鼠正常卵子和胚胎及异常胚胎绘图说明。

3. 参照表 10-3 完成实验记录。

表 10-3　超数排卵记录表

实验动物：

HMG 注射时间：

HCG 注射时间：

培养液准备时间：

捡卵记录

时间：　　　　　获未受精卵＿＿枚，受精卵＿＿枚，卵裂胚胎＿＿枚

胚胎培养记录

D1 天时间：　　　　②③④⑤⑥⑦⑧⑨⑩

D2 天时间：　　　　②③④⑤⑥⑦⑧⑨⑩

D3 天时间：　　　　②③④⑤⑥⑦⑧⑨⑩

D4 天时间：　　　　②③④⑤⑥⑦⑧⑨⑩

D5 天时间：　　　　②③④⑤⑥⑦⑧⑨⑩

实验十一　体外受精及早期胚胎的培养

一、实验目的

卵母细胞要完成体外受精过程，其先决条件是需要成熟的卵子和精子；其次，体外受精的成功和胚胎的体外继续发育还依赖于体外受精和培养的环境等要素。通过本实验，了解卵母细胞体外培养与常规体外受精技术的程序和操作要领，掌握卵母细胞体外培养和体外受精的基本原理和方法。

二、实验原理

体外受精的原理见图 11-1。

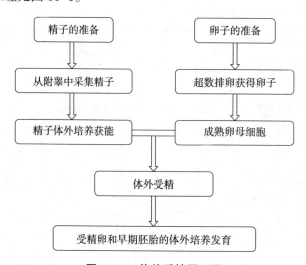

图 11-1　体外受精原理图

三、实验材料与用品

1. **实验材料**：成年雌性、雄性小鼠。
2. **实验器具**：解剖显微镜（带恒温热台），倒置显微镜（带恒温热台），离心机，二氧化碳培养箱，超净工作台，解剖器械一套，各型号培养皿、离心管，巴斯德吸管，一次性塑胶手套，1 mL 空针等。
3. **药品与试剂**：卵子和胚胎培养基（可自行配制或选用商品试剂），如常用的 Tyrode's 改良液。组织培养用油，透明质酸酶，PMSG 注射液，HCG 注射液，消毒乙醇。

四、实验内容及步骤

（一）体外受精前的准备

体外受精实验前一晚，将精子洗涤液、受精培养液、胚胎培养液等在 CO_2 培养箱中过夜平衡，也可直接在培养皿中制备成液滴备用。将巴斯德吸管事先拉制成一定口径（200 μm）的吸管，作为转移卵母细胞和胚胎之用。

（二）小鼠精子的采集和处理

取成年雄性小白鼠（8～10 周龄），自由饮食和饮水，自然光照。断颈处死后取其附睾，分离脂肪后迅速放置于装有 1 mL Ham's F–10 培养液的培养皿内，用无菌针头在附睾上穿刺数孔（或将其剪碎），放入 37℃ 孵育箱内，5% CO_2 孵育 5 min，使精子充分游出。取出培养皿，立即镜检其活力和密度，然后将采集到的精子用精子洗涤液室温下洗涤两次（400 转/min，10 min），最后用该液调节精子密度至每毫升 1×10^6 个左右，置培养箱中备用。

（三）卵子的制备

选择性成熟的雌性昆明小白鼠，自由采食和饮水，自然光照。每日 16∶00 腹腔注射 PMSG 10 U，间隔 48～52 h 后注射 HCG 10 U，注射 HCG 15～17 h 后，断颈处死，切开腹腔，取出输卵管，移入培养液中，在解剖镜下用解剖针撕开膨大的输卵管壶腹部，采集卵母细胞团。卵丘–卵母细胞复合体（OCC）通常表现为半透明不定形的松散结构（图 11–2），用 0.1% 透明质酸酶溶解卵子周围的颗粒细胞，洗涤 3 次后将卵子（图 11–3）放入受精培养皿中，置于 37℃、6% CO_2、饱和湿度的 CO_2 培养箱中备用。

牛、猪、羊和马等家畜的卵母细胞体外成熟培养的温度一般为 38～39℃，人和齿类动物为 37℃。所有哺乳动物卵母细胞体外成熟培养的气相一般要求在含 5% CO_2 的空气和最大湿度的环境。牛和羊卵母细胞体外成熟培养的时间一般为 22～24 h，而马为

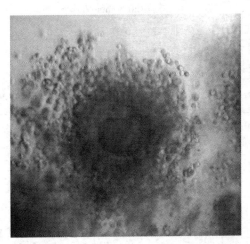
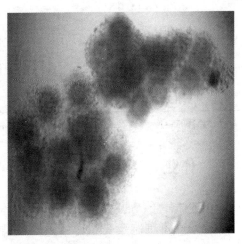

图 11–2　镜下观察小鼠卵丘–卵母细胞复合体（OCC）

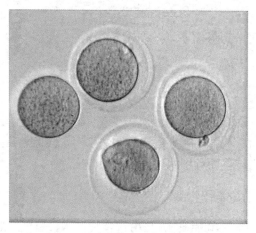

图 11-3　脱颗粒细胞后的小鼠卵子

30~36 h，猪为 40~44 h。

（四）体外受精

采用微滴法受精。将 4~10 μL 已经孵育过的小鼠精子悬浮液加入含有卵子的培养滴中，控制受精浓度在 1×10^6 个 /mL 左右。将培养皿放回培养箱中继续培养 4~6 h。用倒置显微镜（100~200 倍）观察有无第二极体和原核的形成。将受精好的卵子转移至胚胎培养滴中继续进行培养观察。

通常使用的受精液是 Tyrode's 改良液，其主要成分见表 11-1。

表 11-1　Tyrode's 改良液组成成分表

组成成分浓度 / (mmol · L^{-1})	组成成分浓度
NaCl 114.0	葡萄糖 5.56 mmol/L
KCl 3.20	肝素 2.0~10.0 mmol/L
CaCl$_2$ · 2H$_2$O 2.0	咖啡因 2.0~5.0 mmol/L
MgCl$_2$ · 6H$_2$O 0.5	青霉胺 0.025 mmol/L
NaHCO$_3$ 25.00	亚牛黄酸 0.01 mmol/L
乳酸钠 10.0	肾上腺素 0.001 mmol/L
丙酮酸钠 0.26	BSA（脱脂）6.00 g/L
NaH$_2$PO$_4$ · 2H$_2$O 0.4	硫酸庆大霉素 25 mg/L

注：受精液的 pH 为 7.6~7.8，渗透压为 290~310 mOsm/L。

五、作业

1. 简述体外受精的原理和方法，总结体外受精的过程。

2. 描绘卵母细胞及受精卵的形态、结构，描绘体外培养过程中早期胚胎的发育形态。

实验十二　动物不孕不育检测

一、实验目的

不育是指育龄雌性动物或雄性动物暂时性或永久性地不能繁殖。雌性动物超过初配年龄或产后经过一定时间不发情，或连续三次发情配种而不怀孕，以及雄性动物性成熟后不能配种或不能使雌性动物受孕，都可认为是不育。雌性动物的不育又称为"不孕症"。要求基本掌握常见动物的不孕、不育症的检查和诊断技术，加深对动物不孕、不育症的发病机制的理解，了解生产实践中常见的种公畜和种母畜的繁殖疾病。

二、实验材料与用品

1. **实验条件**：一定养殖规模的猪场、乳牛场、肉牛场、兔场等。
2. **实验器具**：保定架，固定绳，阴道开张器，手电筒，盖玻片，载玻片，血细胞计数板，显微镜，离心机，采血针，采血管，试管等。
3. **药品与试剂**：热水，0.1% 苯扎溴铵（新洁尔灭），75% 乙醇棉球，95% 乙醇，一次性输精管。

三、实验内容及步骤

（一）雌性动物不孕症的检查

1. **病史的收集**：采集病史是全面了解雌性动物不孕症病因的前提，对确定不孕症的诊断和治疗非常重要。

（1）了解动物的年龄、饲养管理情况、既往繁殖史和病史、发情情况、公畜生殖功能、配种情况，初步判断不孕的原因。如果动物年龄较大，容易出现卵巢功能的衰退，其不孕可能是年龄所致；若是青年动物性成熟后仍不发情，则可能是先天性生殖功能不全或饲养管理上的不足造成的，若发情没有规律，则可能是卵巢疾病引起，如卵巢炎。

（2）了解母畜的发情周期是否正常。如果发情周期明显延长或缩短，可能是卵巢功能不全；如果长时间未观察到发情，则可能是卵巢静止、萎缩或持久黄体引起。

（3）询问过去已经配种的周期数以及每个情期的配种次数，判断是否有雄性动物的原因或人工授精技术的原因所导致的不孕。

（4）若是经产动物，应了解最近一次分娩的时间与分娩的胎次及是否有异常的分娩情况，以判断疾病的严重程度。

2. **临床检查**：主要对雌性动物的全身状况和外生殖器进行视诊，根据外表判断不孕类型。

（1）观察雌性动物的体格发育，过度的肥胖和消瘦或体格大小异常都可能导致不育，体格的异常既可能是某些与不育有关的疾病的临床表现，也可能其本身就会导致不育。如肥胖易导致卵巢囊肿，过瘦则易造成卵巢静止。

（2）外生殖器视诊，观察外生殖器有无畸形，是否存在阴蒂过大，是否存在硬结、红斑、溃疡、赘生物和异常分泌物，以初步判断是否有生殖道炎症。

（3）阴道检查：用手指撑开阴门和用开张器撑开阴道，观察尿生殖前庭和阴道、子宫颈阴道部有无异常。

（4）直肠检查：通过直肠触诊子宫和卵巢，根据其形态、质地判断有无病变或病变性质。

（5）实验室检测：可收集患病动物的血液或异常分泌物进行检测，检测其生殖激素含量或感染类型，或是否存在抗精子抗体等免疫性不孕病因。也可收集阴道和子宫分泌物，进行微生物学诊断，以此判定病变性质和程度。

3. 常见雌性动物不孕症的类型

（1）子宫内膜炎：雌性动物不孕的主要原因之一，是由于生产或配种过程中消毒不严，将细菌带入子宫，引发子宫感染。患病动物发情周期紊乱或正常，屡配不孕，从子宫内常流出混浊的黏脓。子宫内膜炎根据炎症性质，又可分为几种类型，例如，隐性子宫内膜炎，其子宫形态无明显变化，发情周期正常，但屡配不孕，发情时从子宫流出较多的混浊黏液；慢性脓性子宫内膜炎，患病动物常精神不振，消瘦，发情周期紊乱，阴道检查子宫颈充血肿胀，子宫颈口开张，子宫内经常流出脓性分泌物，味臭，外阴部和尾根常黏附这种分泌物或分泌物结成的干痂。直肠检查子宫收缩反应微弱或消失，子宫壁肥厚且厚薄不均。

（2）子宫积脓和子宫积水：可由子宫内膜炎发展而成，由大量脓性或卡他性分泌物积于子宫内形成。临床上患病动物长期不发情，阴道检查子宫颈充血、肿胀，有时可见子宫颈口有少量脓性分泌物或黏液。直肠检查子宫明显增大，积脓时子宫壁厚，有波动感；积水时，子宫壁薄，波动明显，卵巢上有黄体或黄体囊肿。在人类不孕症的诊断中，宫腔内及附件情况常可借助超声波的检查确诊；在动物而言，条件允许，也可应用超声检查，更方便准确。

（3）子宫弛缓：产后子宫经久未恢复到正常未孕状态称子宫弛缓或子宫复旧不全。可由产后子宫收缩无力或子宫内膜感染以及内分泌紊乱导致。发生子宫弛缓时，患病动物产后恶露排出时间延长，久不发情或发情周期紊乱，屡配不孕。阴道检查，子宫颈外口弛缓、开张。直肠检查，子宫松软下垂、壁肥厚，收缩反应微弱或消失。

（4）阴道炎和子宫颈炎：阴道炎是指阴道及前庭黏膜或黏膜下层的炎症，常由细菌、病毒或滴虫感染所致。患病动物阴门内常流出卡他性或脓性分泌物，可表现拱腰、举尾，排粪或排尿时有痛苦状，易导致流产。阴道检查可见阴道黏膜充血、肿胀（图12-1，图12-2），严重者感染部位糜烂、坏死或形成脓肿，当转为慢性炎症时，阴道黏膜苍白或红白不均，形成瘢痕或粘连。如为滴虫性阴道炎，可见阴道或前庭黏膜有许多小疹或小米大的结节。

子宫颈炎是子宫颈黏膜及黏膜下层的炎症，可继发于子宫内膜炎和阴道炎，也可由分娩或助产时子宫颈损伤所致。阴道检查可见子宫颈外口充血、肿胀，稍开张，并有炎性分泌物附着。子宫颈炎经久不愈，会引起子宫颈黏膜增生，变得肥厚粗硬，不利于交配时雄性配子的通过。

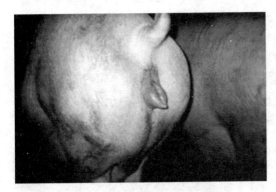

图 12-1　外阴水肿、发红

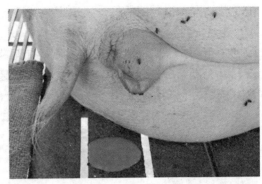

图 12-2　阴道炎、子宫炎

（5）输卵管炎和输卵管阻塞：输卵管炎指输卵管黏膜的炎症，多继发于子宫内膜炎。长期慢性的输卵管炎常引起输卵管结缔组织增生，造成输卵管阻塞，从而影响卵子的运行，造成不孕（图 12-3）。本病在动物临床诊断困难，在排除其他疾病或无其他异常时，仍屡配不孕，可怀疑此病。此时应做仔细的直肠检查，触诊输卵管，如有输卵管增粗或有硬性结节，两侧不对称，则可诊断。在人，则可通过输卵管通水或造影术，直接进行判断。一侧输

图 12-3　小白鼠子宫肿大，影响卵巢的功能

卵管阻塞，雌性动物仍可有繁殖能力；如若双侧输卵管阻塞，则难以治愈。输卵管阻塞也是人辅助生殖助孕即试管婴儿治疗的常见适应证之一；在珍稀濒危动物，如若有该种病症发生，也可考虑行辅助生殖的体外受精技术帮助其繁殖下一代。

（6）生殖器官畸形和发育不全：生殖器官畸形包括生殖道畸形和两性畸形。如单角子宫、双子宫、子宫颈闭锁等，多为先天因素导致，此类动物不应作为种畜。生殖器官发育不全指性成熟时生殖器官仍处于幼稚状态，多由激素分泌不足引起，可行激素治疗。

（7）卵巢功能减退或卵巢囊肿：卵巢功能减退指卵巢功能出现暂时性或永久性的功能障碍，如卵子生成障碍。可由饲养管理不当，营养不良，过度肥胖等引起，也可由一些慢性消耗性疾病、代谢疾病、寄生虫病或年龄因素等，导致雌性动物生殖功能减退。可表现为患病动物长期不发情或虽有发情，但发情不明显，卵巢触诊其形状、大小和质地无明显变化，但多次检查均无发育较大的卵泡或黄体。若卵巢上有一个体积很大的卵泡，则可能为卵巢卵泡囊肿，卵巢囊肿可导致卵子质量下降，无法受精或胚胎质量差从而导致早期流产。

（二）雄性动物不育症的检查

1. **病史收集**：了解雄性动物年龄，既往病史特别是生殖系统病史，与雌性动物的交配受孕情况，以判断雄性动物出现繁殖性疾病的时间及严重程度。

2. **体格检查**：观察雄性动物的体格发育情况和精神状况，判断是否有因营养不良导致的生殖功能下降。观察其外生殖器有无畸形，有无阴囊体积、阴茎大小形态的明显异常，有无硬结等，观察外生殖器是否存在硬结、红斑、溃疡、赘生物，包皮口是否有异常分泌物，以初步判断是否有生殖道炎症（图12-4）。触诊检查雄性动物睾丸、附睾的大小及坚实度，有无明显异常，检查是否有隐睾（图12-5）。

图 12-4 公猪包皮皮肤出血

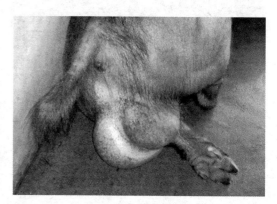

图 12-5 睾丸炎

3. **观察性交反射**：雄性动物性交反射是否完整和良好，是其繁殖能力优劣的重要表现。如果性交反射弱或不完整，则说明其雄性繁殖功能较差，可能与饲养管理和健康状况有关。

4. **实验室精液检查**：雄性动物不育的实验室检查主要是其精液品质的常规检查。精液分析是判断其生育力的最简单有效方法，随着检验技术的不断发展，精液检查的手段与方法也在不断丰富和完善。

（1）标本的采集：精液标本的完整性对精液分析结果的准确性有很大影响，取精前应做好相应准备，确保将所有精液标本留存在容器中，避免标本的洒落。留取精液的容器应洁净、无菌，不含有对精子有毒害的物质而影响检查结果。

（2）精液量、外观颜色：正常精液呈灰白色，如有炎症可能会导致精液颜色的异常，如精囊炎可使精液呈褐色；如果精液清亮、浊度低，提示精子密度少或无精。精液量在不同动物有一定差异，功能性不射精或逆行射精均可导致无精液。精液量多，则可能与附属性腺感染有关。精液量过少可能与精囊腺发育不良、附属性腺感染有关，也可能与睾酮分泌不足有关。

（3）精子密度和活力：受到多种因素的影响。同一雄性动物在不同时间留取的精液标本，其精液质量有一定的波动，因此，单次精液分析结果不能完全反映其精液质量的真实状况，一般要求有异常结果时在1个月内重复检查2~3次。

精子计数的方法有手工法和计算机辅助精液分析（computer-aided semen analysis，CASA），所用的计数工具有血细胞计数板、Makler 精子计数板、国产 Macro 精子计数板等。人工计数的方法参见实验六，CASA 技术已广泛应用于人类精液质量的常规分析，具有客观、高效、高精度的特点，在动物精液质量的检测中也有一定应用。

对于精子活力的评定，在人精子有世界卫生组织（WHO）的分类标准。WHO 根据精子运动能力将精子分为 a、b、c、d 4 级。a 级：精子快速前向运动（运动速度 ≥25 μm/s）。b 级：精子慢或呆滞的前向运动。c 级：精子呈非前向运动（运动速度 <5 μm/s 或原地摆动）。d 级：精子不运动。若精子 a+b 级数量过少，将会影响公畜精子受精能力。精子活力分析可采用 CASA，条件有限的单位也可采用人工计数的方法，但 CASA 较人工分析更客观准确。

对于雄性动物的不育，在珍贵濒危雄性动物，可建立精子库，以进行人工授精技术辅助助孕，必要时，如精液质量较差无法完成受精过程时可考虑采用卵胞质内单精子显微注射受精（ICSI），以帮助该濒危物种的继续繁衍。在人，ICSI 技术已广泛应用于治疗由男性因素的少弱畸形精子症或生精功能障碍所致的不育，俗称"第二代试管婴儿"。

（4）内分泌检查：通过测定雄性动物血浆睾酮（T）、FSH、LH、催乳素（PRL）等激素的水平，鉴别雄性动物的生育能力。如 FSH 可以反映睾丸的生精功能，高血清 FSH 水平和睾丸体积的异常，常提示原发性的生精功能障碍，可导致无精或严重的少精。

（5）免疫学检查：主要是抗精子抗体的检测。抗精子抗体在雌雄性动物均可引起不育，存在于动物血液和生殖管道的分泌物中，其对精子的成熟、功能或精液的质量都有不利影响，甚至损害卵子受精和胚胎发育的过程。可取动物血液或精液进行检测。具体方法参见相关检测试剂说明。

四、作业

1. 根据所观察到的不孕症病例，写出实习报告，说明诊断的依据和结论，提出治疗措施。

2. 引起雌性动物不孕的因素主要有哪些？

第二部分　实训篇

实训一　人　工　授　精

Ⅰ. 人工授精器械的识别、准备和假阴道的安装

一、实训目的

熟悉人工授精所用的采精和输精器材，了解其用途、构造及使用方法；掌握假阴道的安装方法。

二、实训用品

1. **采精器材**：各种公畜采精用假阴道（牛、羊），猪手握法采精用的橡胶手套，鸡采精需要的集精杯（刻度试管）等。
2. **输精器材**：各种母畜输精器（牛、羊、猪、鸡）、阴道开（腔）器、细管冻精（牛），手电筒。
3. **辅助器具及药品**：指甲刀，液氮罐，注射器，肥皂，广口保温瓶，高压灭菌器，酒精灯，长柄钳，镊子，玻璃棒，棒状温度计，漏斗，量杯，灭菌凡士林，70%和95%乙醇棉球，滑石粉，甲酚，洗衣粉等。

三、实训内容

先由老师通过 PPT 讲解人工授精器材的构造、各部名称和用途，及正确安装假阴道的方法及注意事项。然后学生分组观察并作假阴道的安装练习。

（一）人工授精器材的认识

1. 采精器材

假阴道为长筒状，由外壳、内胎和集精杯（管）三个主要部分组成，同时配有其他部件。其粗、细和长、短因畜种而异。不同国家不同时期的设计形式也不尽一致，目前我国常用的有美式、苏式和日式等形式。

（1）外壳：牛、羊和猪的假阴道外壳一般为硬橡胶或塑料制成的圆筒，中部装有可吹气、注水和排水的开关。猪用假阴道则在此处连接一个可向假阴道内打气的双联球，以调节压力。但目前多改用徒手采精，不再使用假阴道。鸡采用按摩法采精。

马的假阴道外壳由镀锌铁皮或金属制成。分头、颈和体三部分。筒体的中部装有把柄，其侧面有吹气和注、排水孔，并有封闭塞或橡胶带。

（2）内胎：由优质橡胶制成的胶筒，装于外壳中，其两端翻卷并固定在外壳的两端。目前有些国家将其内胎面制成粗糙面，以增强采精时对阴茎的刺激，利于采精。

（3）集精杯（管）：牛、羊用双层的棕色集精杯（苏式）或有刻度的离心管（美式）。马用黑色橡皮杯（苏式）。猪用棕色有刻度的广口瓶。当用手握法对公猪进行采精时，只需备一只乳胶手套和收集精液的容器即可。鸡采集精液需要集精杯（刻度试管）即可。

集精杯（管）可借橡皮圈直接固定于假阴道的一端或借橡胶漏斗与假阴道连接。

2. 输精器械：各种家畜的输精器械为开张器、输精器和照明灯。开张器有两种：一种是金属的鸭嘴式开张型的，一种是玻璃或塑料的圆筒式的。各种家畜的开张器只是大小有别。

输精器用玻璃、金属、塑料、橡皮等材料制成。马、猪的输精器，为一端尖细的优质橡皮管，其大小不一，它的一端接注射器。牛、羊的输精器有玻璃和金属两种，其大小不一，牛采用直肠把握法输精多用金属输精器。细管冷冻精液，有专用的金属细管输精枪——卡苏枪。鸡输精一般采用微量移液器或胶头滴管。

照明灯可用手电筒、头灯，最实用的为固定在开张器或输精器上的照明灯。

3. 冷冻精液设备

（1）冷源：一般采用液氮（-196℃）或干冰降温（-79℃）。干冰，是由CO_2气压缩成为雪花状的固体，将CO_2气瓶出口放低，放出的液态CO_2用一厚布口袋承接即可得到干冰。或从工厂直接购得。干冰本身的温度为~79℃。液态氮：是利用空气分离设备——液氮机将空气重覆压缩，膨胀，冷却后液化成透明的液体。液体本身温度为-196℃。

（2）冷冻精液保存容器：广口保温瓶：即市售的玻璃胆保温瓶，也可以热水瓶代用。液氮罐：多由铝合金制成，外层称外壳，上有罐口、手柄以及已密封的抽气孔。内层为金属制瓶罐，内外层在罐口处以绝热黏合剂牢固黏合。内外层之间为高度真空，并放置有绝热材料药用炭等。罐塞由塑料制成并留有空隙，能保证安全排出氮蒸气。在罐颈处可以固定数个提筒以储存精液。液氮罐因不同容量有不同型号，由1 L、3 L、10 L至上千升不等，目前常用的是中、小型的。

（3）冷冻精液类型：①颗粒型：将精液在干冰或液氮滴冻成0.1 mL左右的丸剂。待溶解后用一般人工授精输精器输精。②安瓿型：将精液封装于安瓿中在干冰或液氮中冻结。加热溶解后用一般人工授精输精器输精。③细管型：将精液分装入0.5 mL或0.25 mL的细塑料管内，一般用液氮蒸气冻结。加热溶解后用特制的细管输精器输精。

（4）细管输精器：一般是由一金属制的外套和里面的推杆组成。使用时将精液细管的一端剪去，将另一端装置于输精器的推杆上。推动推杆，借助细管中的活塞即可将溶解后的精液排出。

4. 手提式高压灭菌器的使用方法：手提式高压灭菌器系由合金制成，轻便耐用，适用于小量物品灭菌，因此为人工授精站所广泛采用。其主要构造为器身、器盖及器内的安置桶。盖上附有压力表，安全阀门、放气阀门，与放气软管，在安置桶壁装有一小筒，用以插入放气软管，桶底面有多孔的隔板。

使用时，先在灭菌器内放2 500~3 000 mL的清水，再将盛有需灭菌的各种人工授精器械、物品的安置桶放入器身内，合上器盖，同时注意将放气软管插入安置桶壁小桶中，将锁紧螺丝扭紧，使盖平稳、牢固地合紧以免漏气。然后将灭菌器置于火炉上加热，此时可将放气阀门的手柄直立，待灭菌器的空气排尽而有白色蒸气冒出时再平放，或者待压力表指针升至 0.5 kg/cm³ 左右时打开放气阀门以排空气，待排尽空气而有蒸气冒出时再关闭阀门，继续给灭菌器加热，控制灭菌器内的压力维持到表压 0.7 kg/cm² （温度 115℃）经 30 min，或 1.0 kg/cm²（温度 120℃）经 20 min 后结束。灭菌完毕后，等压力表上的指针下降至零时，将放气阀门打开，放尽灭菌器中蒸气，趁热打开灭菌器盖，取出各种物品待用。

（二）假阴道的安装要点

1. 假阴道外壳及内胎的检查

（1）检查假阴道外壳两端是否光滑，外壳有否裂隙或开焊之处。

（2）检查内胎是否漏水。可将内胎注满水，用两手握紧两端，并扭转内胎施以压力，观察胎壁有无破损漏水之处，如发现应及时修补或更换。公猪的手握法采精用的乳胶手套在用前也应检查。

（3）气门活塞是否完好或漏气，扭动是否灵活。

2. 采精器材的清洗消毒

（1）外壳、内胎、集精杯（管）等用具用后可用热的洗衣粉水清洗。内胎的油污必须洗净。

（2）以清水冲净洗衣粉，待自然干燥后即可使用。

3. 安装方法

（1）将内胎放入外壳，内胎露出外壳两端大部分长短应相等。而后将其翻转在外壳上，内胎应平整，不应扭曲，内胎中轴应与外壳中轴重合，即内胎的两端与外壳两端应成同心圆位置，最后再以橡皮圈加以固定。

（2）消毒：先以长柄钳夹取 75% 的乙醇棉球擦拭内胎和集精杯，再以 95% 的乙醇棉球充分擦拭。采精前，最好用稀释液冲洗 1 ~ 2 次。

（3）集精杯（管）的安装 [也可调至 6）之后]：牛、羊、猪的集精杯（管）可借助特制的保定套或橡皮漏斗与假阴道连接。

（4）注水：通过注水孔向假阴道内、外壁之间注入 50 ~ 55℃温水，使其能在采精时保持 38 ~ 42℃，注水总量为内、外壁间容积的 1/3 ~ 1/2。

（5）涂润滑剂：用消毒好的玻璃棒，取灭菌凡士林少许，均匀地涂于内胎的表面，涂抹深度为假阴道内胎腔前 1/3 段左右，润滑剂不宜过多、过厚，以免混入精液，降低精液品质。当用手握法给公猪采精时不须使用润滑剂。

（6）安装上气门活塞，调节内胎腔内压力：安装上气门活塞，用两联球或嘴从注气孔吹入空气，根据不同家畜和个体的要求调整内腔压力，使内胎一端中央成"Y"形。

（7）假阴道内腔温度的测量：把消毒的温度计插入假阴道内腔，待温度不变时再读数，一般 40℃左右为宜，马可稍高，也要根据不同个体的要求，作适当调整。

（8）用一块褶成四折的消毒纱布盖住假阴道入口，以防灰尘落入，即可准备采精。

4. 注意事项：安装者指甲剪短，以免将内胎掐破；安装好后须平稳放置，勿碰到其他硬物，以免损伤内胎。

（三）输精器材的安装及准备

金属和玻璃制成的输精管、输精枪，最好用高压蒸汽消毒。在输精前，最好将输精管用稀释液冲洗 1～2 次。塑料制品，一般采用乙醇擦拭。

细管冷冻精液的输精器一般由金属外壳和里面的推杆组成。使用前金属外套应进行消毒，前端的金属套不能连续使用。使用时将细管的一端剪去，另一端插在输精枪的推杆上。借助推杆，推动细管中的活塞即可将精液推出。

若采用开张器法输精，需对开张器先进行严格消毒方可使用。

四、作业

1. 分组进行器械识别和假阴道安装，现场考核打分。
2. 试述牛或羊假阴道的组成及安装时的注意事项。

Ⅱ. 采 精 技 术

一、猪的采精技术

（一）采精前的准备

准备采精场地、台畜，进行台畜尾根清洗消毒、采精公畜调教、采精器械的清洗消毒等。

（二）采精步骤和方法

1. 采精员手戴胶皮手套，蹲于假台猪左侧后方（图 X1-1）。

2. 待公猪爬跨假台猪后，用 0.1% 的高锰酸钾溶液将公猪包皮附近洗净消毒，并用生理盐水冲洗；然后将手握成空拳，在公猪阴茎伸出同时，导入空拳内，让其抽送转动片刻，轻握阴茎的螺旋部，使猪的龟头露出手掌外，并以拇指顶其顶端，随阴茎充分勃起时顺势伸向前，不要强牵，其余四指有节奏地轻握、放松。待公猪达到高潮，顺势将阴茎拉出包皮外，使其射精。

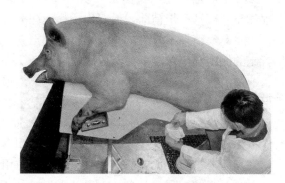

图 X1-1　公猪采精

3. 当公猪射精时，最先射出的精液不要收集（因死精子数和畸形精子数较多，有时含有尿液），待其射出乳白色的精液时，用盖好纱布的集精瓶接取精液，当射出胶状物时，可用手指拨去（图 X1-2）。

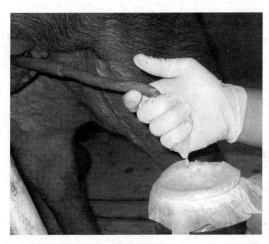

图 X1-2 采精手势

二、羊的采精技术

（一）采精前的准备

将假阴道安装好，清洗消毒；把消毒好的集精杯安装在假阴道一端；向假阴道的夹层灌入 50～55℃的温水，水量为外壳与内胎间容量的 1/2～2/3；装上带活塞的气嘴，并将活塞关好；用消毒过的玻璃棒或温度计取少量凡士林，由外向内在假阴道的内胎上均匀地涂沫一层，深度以假阴道长度的 1/2 为宜；最后从气嘴吹气加压，一般使涂凡士林的一端口呈三角形为宜，采精前用消毒过的温度计插入假阴道内测量温度，以采精时 40～42℃为宜，温度过高、过低可通过向内胎中加入热水或凉水来调节。

（二）采精步骤和方法

选择与公羊个体大小相似的发情母羊作为台羊。把种公羊牵到采精现场后，不要使它立即爬胯母羊，挡几次后再让其爬胯，使公羊性欲更旺盛。这时，采精人员用右手握住已准备好的假阴道后端，固定好集精杯，并将气嘴活塞朝下，蹲在母羊的右后侧，让假阴道靠近母羊的臀部和地面呈 35°～45° 的夹角。当公羊爬胯到母羊的背上伸出阴茎时，采精人员应迅速将公羊的阴茎导入假阴道内，使假阴道与阴茎呈一条直线（图 X1-3），切忌用手抓碰阴茎。当公羊后躯急速向前用力一冲时，即完成射精，此时随着公羊从母羊身上跳下，顺着公羊动作向后移下假阴道（图 X1-4），立即竖立，集精杯一端向下，然后打开活塞下的气嘴，放出空气，取下集精杯，用盖盖好送精液处理室

图 X1-3 羊的人工采精

检查处理。公羊经过这样反复训练，以后用不发情的母羊和人工台羊，都可以顺利采出精液。

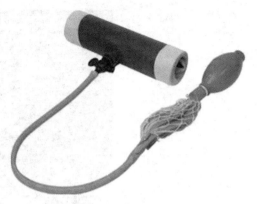

图 X1-4　假阴道（羊）

三、牛的采精技术

（一）采精前的准备

1. 采精场应该宽敞、平坦、安静、整洁，场内设有采精架以保定台畜。采精前保定台畜，并对其后躯清洗消毒。

2. 荷斯坦牛对假阴道的压力比温度更敏感，而水牛对假阴道的温度比压力更敏感。因此荷斯坦牛采用螺纹内胎假阴道，水牛采用滑面内胎假阴道采精。在假阴道内注入 42~45℃ 温水。假阴道注入水后，涂润滑剂，然后加气直到内胎入口处自然闭合成"Y"形。

（二）采精步骤和方法

饲养员牵引待采种公牛到采精场，牵引公牛爬跨台畜，采精员右手持假阴道，站在公牛右后方，当公牛爬跨，前肢爬上台牛

图 X1-5　公牛采精

时，迅速向前用左手托着公牛包皮，右手举持假阴道并斜向下方，假阴道对阴茎头，呈直线状，两手配合将公牛阴茎头部引入假阴道，公牛前冲即完成射精。采精员右手紧握假阴道随公牛而下，公牛前肢落地时，缓慢地把假阴道与阴茎分离（图 X1-5）。立即将假阴道口斜向上，打开气阀，使精液流入集精管，迅速送至精液处理窗口，同时验明牛号，交代清楚。

四、鸡的采精技术

（一）采精前的准备

用剪毛剪剪去公鸡泄殖腔周围的羽毛，以免妨碍操作和污染精液。采精杯应洗净，用蒸馏水冲洗后烘干备用。为使集精杯和精液保持等温，采精前应将存放集精杯的恒温箱温度调至 40~41℃ 或用保温集精杯收集精液。

（二）采精步骤和方法

1. 用 75% 的乙醇棉球在泄殖腔周围擦拭消毒，待乙醇挥发后采精。

2. 采精时，由保定者两手分别将公鸡两腿保定住，自然分开，使鸡尾朝向采精员，

鸡身紧贴保定者右侧，并用拇指扣住翅膀（图X1-6）。

3. 采精员用右手的中指和示指夹住集精杯，杯口朝下，藏在手心中，以免按摩时公鸡排出粪尿和灰尘落入而污染。

4. 采精员以左手拇指和其余四指呈"八"字形分开，从鸡翼根部沿体躯向尾部方向按摩数次，以减低公鸡的惊恐。按摩时，由慢到快，由轻到稍用力，反复按摩数次，引起公鸡性欲。顺势以左手掌心、环指、小指将尾羽压向右背侧，拇指与示指挤压泄殖腔两上侧。采精员的右手

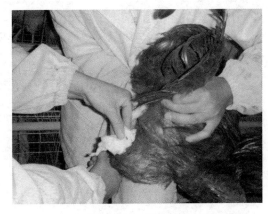

图 X1-6　公鸡采精

拇指与示指放在腹部两侧的柔软部，并给予敏捷而高频率的颤抖动作，这时公鸡性欲强烈，露出交媾乳状突。

5. 采精员迅速用左手拇指和示指捏住泄殖腔上缘，作适当的挤压，精液便从乳状突小沟里射出。采精员立即将右手夹着的集精杯口上翻承接精液。

6. 将采到的精液置于水温30~35℃的保温瓶内准备输精。精液最好在采集后30 min内输完，以免影响受精率。

五、兔的采精技术

（一）采精前的准备

采精前要先剪短公兔外生殖器周围的毛，特别是毛用品种更须注意，以利采精和减少精液污染。准备台兔供公兔爬跨，如用发情母兔作台兔，更能提高公兔的性欲，同时准备好采精用的集精器（图X1-7）。

图 X1-7　兔用采精器

（二）采精步骤和方法

采精时将母兔捉到公兔笼中让公兔爬跨，采精的人用一手抓住母兔双耳和颈皮，另一只手握住假阴道伸向母兔两后腿之间近阴门处。握假阴道时，手最好超过假阴道口0.5 cm，尤其是用薄管作外壳时更要注意，以避免因假阴道口尖利而损伤公兔的阴茎。同时手指可感觉到公兔阴茎挺出的方向，以便调整假阴道口的位置和角度，迎合阴茎伸入假阴道。只要温度、压力适宜，公兔向前一挺，即表示射精。射精后公兔后肢蜷缩倒向一侧，多数公兔还发出"咕咕"的叫声，表示射精结束。采精者立即把手缩回，将假阴道口朝上，以利精液流入集精管，并放掉假阴道内的热水，取下集精管，采精即完毕。

公兔的射精量与体型大小、饲养管理水平高低有关。体型大、饲料营养水平高、合

理使用的公兔，特别是以发情母兔作台兔采精时，公兔的射精量均较多；反之，则量少。射精量多少与品种也有关。正常公兔每次射精量为 0.5~2.5 mL。

Ⅲ. 精液品质检查和稀释

一、猪精液品质检查和稀释

（一）检查前的准备

检查精液的主要指标有精液量、颜色、气味、精子密度、精子活力、酸碱度、黏稠度、精子畸形率等。检查前，将精液转移到在 37℃水浴锅内预热的烧杯中，或直接将精液袋放入 37℃水浴锅内保温，以免因温度降低而影响精子活力。整个检查活动要迅速、准确，一般在 5~10 min 内完成。

（二）检查指标与方法

1. **精液量**：后备公猪的射精量一般为 150~200 mL，成年公猪为 200~300 mL，有的高达 700~800 mL。精液量的多少因品种、品系、年龄、采精间隔、气候和饲养管理水平等不同而不同。

2. **颜色**：正常精液的颜色为乳白色或灰白色，精子的密度愈大，颜色愈白；越小，则越淡。如果精液颜色有异常，则说明精液不纯或公猪有生殖道病变。例如，呈绿色或黄绿色时，可能混有化脓性的物质；呈红色时，则有新鲜血液；呈褐色或暗褐色时，则有陈旧血液及组织细胞；呈淡黄色时，则可能混有尿液等。凡发现颜色有异常的精液，均应弃去不用，同时，对公猪进行对症处理、治疗。

3. **气味**：正常的公猪精液含有其特有的微腥味，这种腥味不同于鱼类的腥味，没有腐败恶臭的气味。有特殊臭味的精液一般混有尿液或其他异物，一旦发现，不应留用，并检查采精时是否有失误，以便下次纠正做法。

4. **酸碱度**：可用 pH 试纸进行测定。公猪精液的酸碱度一般呈弱碱性或中性。其酸碱度与精子密度呈负相关的关系，pH 越接近中性或弱酸性，则精子密度越大，但过酸、过碱都会影响精子的活力。

5. **黏稠度**：精液黏稠度的高低，与精子密度密切相关。精子密度越高的精液，黏稠度越高；精子密度小的精液，则黏稠度也小。

6. **精子密度**：指每毫升精液中含有的精子量，它是用来确定精液稀释倍数的重要依据。正常公猪的精子密度为 2.0 亿~3.0 亿个 /mL，有的高达 5.0 亿个 /mL。精子密度的检查方法有以下几种：

（1）白细胞稀释吸管计数法：这种方法是用手动计数器和血细胞计数板来统计精子密度。目前在国内应用较多。其成本低，计算较准确；但所用时间多，使用效率低。

主要做法是先用红细胞稀释吸管取精液到球下的 0.5（稀释 200 倍）或 1.0 刻度处（稀释 100 倍），然后再吸取注射用生理盐水到膨大部上方的 101 刻度处，用两指（拇指和示指或中指）紧紧压住吸管的两端进行摇动混合均匀。吸取的过程中，不允许有空气混入吸管，以免影响准确度。摇匀后，将吸管末端的液体擦干，并去掉前几滴混合液，然后顺着盖有盖玻片的血细胞计数板的边缘，让混合液渗入到计数板内，再通过显微镜观察，用计数器点数。这种检查一般为总精子数。然后利用公式计算每毫升精子的密度。精子密度的计算公式为：

全方格内的精子数 ×10（厚度的倍数）× 稀释倍数（100 或 200）×1 000 = 精子数 /mL

（2）简单检查密度法：这种方法不用计数，用肉眼观察显微镜下精子的分布。精子的密度一般分为三个等级：密、中、稀，并做好记录。

密：在视野内所看到的精子与精子之间的距离小于 1 个精子的长度则为密。每毫升精液含有 10 亿精子以上。

中：在视野内所看到的精子与精子之间的距离等于 1 个精子的长度则为密。每毫升精液含有 2 亿精子以上。

稀：在视野内所看到的精子与精子之间的距离大于 1 个精子的长度则为密。每毫升精液含有 2 亿精子以下。

这种方法简单，但对于不同检查人员而言，主观性强，误差较大，只能对公猪进行粗略的评价。故大型养猪场一般不采用这种方法，只适应个体户或人工授精数量少的猪场。

（3）用精子密度仪计算精子密度：国外养猪业发达的国家多采用这种方法，它极为方便，检查时间短，准确率高，使用寿命长，但价格较贵。

它有两种类型：一种精子密度仪，它是将原精液滴 1 滴在一个一次性的特制塑料板上，然后通过仪器直接测量精子的密度，这种方法一般要先进行密度仪的校正；另一种是利用光电比色法，以精子对光通透性差为依据，用分光光度计读出一个数字，然后再根据事先准备好的标准曲线确定精子的密度。这两种类型都有一个缺点，就是会将精液中的异物按精子来计算。用精子密度仪检查精子密度，将是国内外猪人工授精人员较好的选择。

7. 精子活力：是指在 400～600 倍显微镜下观察精液，视野中直线前行运动的精子数占整个精子数的比例。精子活力的高低关系到配母猪受胎率和产仔数的高低，因此，每次采精后及使用精液前，都要进行活力的检查，以便确定精液能否使用及如何正确使用。精子活率的检查必须用 37℃左右的保温板，以维持精子的温度需要。一般先将载玻片和盖玻片放在保温板上预热至 37℃左右后，再滴上精液，在显微镜下进行观察。若有条件，可在显微镜上配置一套摄像显示仪，将精子放大到电脑屏幕上进行观察。在我国，精子活力一般采用 10 级制，即在显微镜下观察一个视野内的精子运动，若全部直线运动，则为 1.0 级；有 90% 的精子呈直线运动则活力为 0.9；有 80% 的呈直线运动，则活力为 0.8，依此类推。鲜精液的精子活率以高于 0.7 为正常；使用稀释后的精液，当活力低于 0.6 时，则应弃去不用。

其操作方法为用移液器吸 1 滴精液到预热玻片上，放在显微镜下镜检，活力在 0.6级以上的方可使用，低于 0.6 级为不合格，不能使用。

8. 精子畸形率：是指异常精子的百分率。其测定可先将精子进行伊红或吉姆萨染色，在普通显微镜观察，也可利用相差显微镜直接观察活精子的畸形率。畸形精子种类很多，如巨型精子、短小精子、双头或双尾精子、顶体膨胀或脱落、精子头部残缺或尾部分离、尾部变曲的精子等。一般畸形率要求不超过 18%。公猪使用过频或在高温环境下会出现精子尾部带有原生质滴的畸形精子。要求每 2 周对公猪进行一次精子畸形率检查。

（三）精液的稀释

1. **稀释液**：按稀释液配方配制，配好应及时贴上标签，标明品名、配制日期、时间及经手人等。在冰箱内 4℃ 条件下保存，不超过 24 h。

2. **原精液稀释后体积计算**：原精液总有效精子数 = 原精液体积（或质量 g）× 精子密度（单位：个 /mL）× 活率。

原精液稀释后的体积（或质量）= 原精液稀释后可分装的份数（取整数）× 每份精液的体积（或质量）。每份精液中有效精子数推荐值为 25 亿，每份精液的体积推荐值为 80 ~ 100 mL。

3. **精液稀释**：精液采集后应尽快稀释，原精储存不超过 30 min。未经品质检查或检查不合格（活力 0.7 以下）的精液不能稀释。稀释液与精液要求等温稀释，两者温差不超过 1℃，即稀释液应加热至 33 ~ 37℃，以精液温度为标准，来调节稀释液的温度，绝不能反过来操作。稀释时，将一个塑料杯（1 000 ~ 1 500 mL）放在电子秤上，除皮后，将装精液的采精袋从保温杯中取出，放入这个大塑料杯中，并将袋口翻在杯外。如果集精容器为一次性纸杯，则需将纸杯中的精液倒入装入食品袋的塑料杯中并放在电子秤上。也可在此时称量并记录精液质量。然后向杯中徐徐加入与精液等温的稀释液，直到达到所计算出的最终质量。稀释倍数的确定，要求每个输精剂量含有效精子数 25 亿以上。稀释后要求静置片刻再作精子活力检查，如果稀释前后活力无太大变化，即可进行分装与保存。如果活力显著下降，则不要使用。

4. **精液分装**：一次性输精瓶的分装，是将塑料杯中稀释后的精液分别加入不同的输精瓶中，使精液面达到输精瓶上相应的刻度处（如 100 mL），然后拧上输精瓶盖。一次性输精袋的分装，是将输精袋的两个悬挂孔挂在专门用于分装精液的支架上，在输精袋中插上一次性塑料漏斗，放在电子秤上，然后除皮。将塑料杯中稀释后的精液通过漏斗徐徐加入输精袋中，直到达到规定的质量（如 100 g），取下漏斗和输精袋，挂上一个新的输精袋，再将漏斗插入，分装另一袋精液。分装后的输精袋用塑料热封口机封口。在输精瓶或袋上标明公猪品种、耳号、生产日期、保存有效期、稀释液名称和生产单位等。

5. **精液储存**：将分装后的输精容器放入泡沫塑料盒中，在室温下缓慢降温 30 min，再将输精容器放入 17℃ 恒温箱内的搁架上保存。保存过程中不要频繁打开冰箱，并且每隔 12 h 轻轻翻转一次，防止精子沉淀而引起死亡。短效稀释液可保存 3 天，中效稀释液可保存 4 ~ 6 天，长效稀释液可保存 7 ~ 9 天。无论何种稀释液保存精液，都应尽快用完。

6. **精液运输**：由于热应激或冷应激，以及紫外线的影响，精液品质会发生变化，使精子活力降低。因此，精液运输应置于保温较好的装置内，保持在 16 ~ 18℃。精液运输过程中应避免强烈震动。

二、羊精液品质检查和稀释

（一）外观检查

1. **颜色**：呈乳白色，肉眼可看到乳白色云雾状。
2. **气味**：无味或略带腥味。
3. **精液量**：一次采集量山羊平均为 0.8 ~ 1.0 mL，绵羊平均为 1.0 ~ 1.2 mL。

经外观检查，凡带有腐败臭味，出现红色、褐色、绿色的精液，判为劣质精液，应弃掉不用，一般情况下不再做显微镜检查。

（二）显微镜检查

1. **精子活力**：是指在 38℃的室温下直线前进的精子占总精子数的百分率。检查时以灭菌玻璃棒蘸取 1 滴精液，放在载玻片上加盖玻片，在 400 ~ 600 倍显微镜下观察。全部精子都做直线运动评为 1 级，90% 的精子做直线前进运动为 0.9 级，以下以此类推。

2. **精子的密度**：是指每毫升精液中所含的精子数。取 1 滴新鲜的精液在显微镜下观察，根据视野内精子多少分为密、中、稀三级。"密"是指视野中的精子数量多，精子之间距离小于 1 个精子的长度；"中"是指精子之间的距离大约为 1 个精子的长度；"稀"为精子之间距离大于 1 个精子的长度。每毫升精液中含精子 25 亿以上者为密，20亿 ~ 25 亿个为中，20 亿以下为稀。

3. **精子质量**：精子活力在 0.6 以上，密度在中等以上，畸形精子率不超过 20% 的为优。

（三）稀释保存

1. **稀释**

（1）稀释液的配制：稀释液的配方选择易于精子活动，减少能量消耗，延长精子寿命的弱酸性稀释液。稀释液推荐配方：

配方一：生理盐水稀释液。生理盐水作为稀释液简单易行，稀释后的精液应在短时间内使用，是目前生产实践中最为常用的稀释液。稀释的倍数不宜太高，一般是原精液 2 倍以下为宜。

配方二：葡萄糖卵黄稀释液。在 100 mL 蒸馏水中加葡萄糖 3 g、柠檬酸钠 1.4 g，溶解后过滤 3 ~ 4 次，蒸煮 30 min 后灭菌，降至室温，再加新鲜卵黄（不要混入蛋白）20 mL，再加青霉素 10 万 U 震荡溶解。这种稀释液有增加营养的作用，可作 7 倍以下稀释。

（2）稀释倍数：要根据精子密度、活力而定稀释比例。稀释后的精液，每毫升有效精子数不少于 7 亿个。

（3）稀释的操作步骤：根据镜检得出精子密度确定稀释倍数，根据稀释倍数计算出应加入的稀释液的量，用量杯量取应加的稀释液。稀释前将两种液体置于同一温水中，然后将稀释液沿着精液瓶缓缓倒入，为使混合均匀可稍加摇动。稀释完毕后，立即进行活力镜检，并将镜检结果填入采精登记表。

2. 保存

（1）常温保存：精液稀释后，保存在 20℃以下的室温环境中，一般可有效保存 24 h。

（2）低温保存：在常温保存的基础上，温度进一步缓慢降至 0～5℃之间。可将精液装入小试管内，直接放入温度为 2～4℃的恒温箱中。低温下一般可有效保存 48～72 h。

Ⅳ. 发情鉴定技术

一、母猪发情鉴定技术

母猪是以观察为主，结合试情进行。外部观察时，食欲下降、兴奋不安，往往拱圈门，有跳出猪圈的欲望，也称"闹圈"；外阴部充血、肿胀非常明显，可呈现浅红色或紫红色。公猪试情时，根据其接受爬跨的程度来判断发情的早晚。如无公猪，也可用手压按其背腰部，若压背时呈静立不动，尾稍翘起，凹腰弓背，即为出现"静立反射"，向前推动母猪，不仅不逃脱，反而有向后的作用力，说明母猪发情已达最显著时期。

二、母牛发情鉴定技术

母牛主要依靠外部观察，并结合试情和阴道检查。操作熟练的技术人员，可利用直肠检查。在生产上多采用外部观察法，主要通过对母畜外部表现和精神状态的变化判断是否发情和发情的程度。母畜发情时，一般表现为食欲下降甚至拒食，兴奋不安，活动频繁，外阴部肿胀，黏膜潮红湿润，排尿频繁，对周围环境和雄性动物反应敏感，爬跨其他母牛。生产上，那些不易观察及发情表现异常的母牛，适用直肠检查法。

三、母羊发情鉴定技术

母羊发情的主要表现为：食欲减退，兴奋不安，嘶鸣，爬跨其他羊或接受其他羊爬跨而静立不动；阴门红肿，频频排尿而流出透明的液体；用试情公羊与母羊接触，母羊表现温驯，并将后躯转向公羊；将开膣器插入阴道，使之开张，发情盛期的母羊阴道潮红、润滑，子宫颈口开张，分泌的液体呈透明状。

Ⅴ. 输 精 技 术

一、母猪输精技术

（一）输精时间及次数

1. 断奶后 3～6 天发情的经产母猪，发情出现静立反射后 6～12 h 进行第 1 次输精配种。

2. 断奶后 7 天以上发情的经产母猪，发情出现静立反射，就进行配种（输精）；每头母猪在 1 个发情期内要求至少输精 2 次，最好 3 次，2 次输精时间间隔时间 8～12 h。

（二）输精方法

输精前精液的活力不应低于 0.5。将试情公猪赶至待配母猪栏之前，使母猪在输精时与公猪口鼻部接触。输精前清洁双手或带上一次性手套；用 0.1%～0.2% 高锰酸钾溶液清洁母猪外阴、尾根及臀部周围，再用消毒纸巾擦干。从密封袋中取出没有受任何污染的一次性输精管（手不应接触输精管的前 2/3 部分），在其前端涂上精液作润滑剂。将输精管插入母猪的生殖道内双手分开母猪外阴部，然后左手使外阴口保持张开状态，将输精管 45° 角向上插入母猪生殖道内，当感到有阻力时，继续缓慢向左旋转并用力将输精管向前送入，直到感觉输精管前端被锁定（轻轻回拉拉不动）。从精液储存箱中取出品质合格的精液，确认公猪品种、耳号。缓慢颠倒摇匀精液，打开精液袋封口将塑料管暴露出来，接到输精管上，将精液袋后端提起，开始进行输精（也可将精液袋先套在输精管上后，再将输精管插入母猪生殖道内）。猪输精量一般为，本地：20～30 mL；外来：80～100 mL。在输精过程中，应不断抚摸母猪的乳房或外阴，压背，抚摸母猪的腹侧以刺激母猪，使其子宫收缩产生负压，将精液吸纳。输精时，除非输精开始时精液不下，勿将精液挤入母猪的生殖道内，以防精液倒流。如果在专用的输精栏内进行输精，可隔栏放一头公猪，这样输精会更容易些。如果输精场地宽敞，输精员可站在母猪的左侧，面向后，左臂挎在母猪的后躯，将重力压在母猪的后背部，并用左手抚摸母猪侧腹及乳房，右手将精液袋提起（图 X1-8），这样输精更接近本交，精液进入母猪生殖道的速度更快些。用控制精液袋高低的方法来调节精液流出的速度，输精时间一般在 3～7 min。输完后，应在防止空气进入母猪生殖道的情况下，把输精管后端一小段折起，用精液袋上的圆孔固定，使输精器滞留在生殖道内 3～5 min，让输精管慢慢滑落。或较快地将输精管向下抽出，以促进子宫颈口收缩，防止精液倒流。

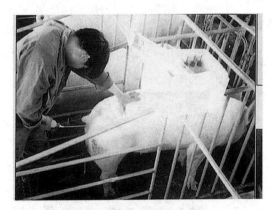

图 X1-8　母猪的人工输精

（三）其他要求

每头母猪每次输精都应使用一条新的输精管。认真登记母猪生产卡、配种记录。

二、母牛输精技术

（一）输精时间及次数

1. **触摸卵泡法**：在卵泡壁薄、满而软、有弹性和波动感明显接近成熟排卵时，输精一次；6～10 h 卵泡仍未破裂，再输精一次。

2. **外部观察法：** 母牛接受爬跨后 6～10 h 是适宜输精时间。如采用两次输精，第二次输精时间为母牛接受爬跨后 12～20 h，青年母牛的输精时间适当提前。

（二）输精方法

采用直肠把握输精法。一只手伸入直肠内，先将宿粪排净，然后五指并握，呈圆锥形从肛门伸进直肠，动作要轻柔；在直肠内触摸并把握住子宫颈，使子宫颈把握在手掌之中，另一只手持输精器从阴道下口斜上方约45°角向里轻轻插入，伸入阴道内 5～10 cm 后再水平插入子宫颈口；两手协同配合，输精器头对准子宫颈口，轻轻旋转插进，伸入到子宫颈的 3～5 个皱褶处（1～2 cm）或子宫体内，即达到输精部位，慢慢输入精液（图 X1-9），冷冻精液输精剂量 0.2～1 mL。输精过程不要把握得太紧，要随母牛的摆动而灵活伸入。直肠内的手要把握子宫颈后端，并保持子宫颈的水平状态。直肠把握输精使用器械及其操作分为：

1. **用球式玻璃输精器：** 注入精液前略后退约 0.5 cm，手捏橡胶头注入精液，输精管抽出前不得松开橡胶头，以免回吸精液。

2. **用金属输精器：** 注入精液前略后退约 0.5 cm，把输精器推杆缓缓向前推，通过细管中棉塞向前注入精液。

（三）其他要求

细管冷冻精液棉塞端朝下直接置于37℃恒温水浴锅中解冻数十秒，然后放置在37℃的恒温板待用。一头母牛应使用一支输精器或者一支消毒塑料输精外套管。输精部位应到子宫间沟分岔部的子宫体部，不宜深达子宫角部位（图 X1-10）。

图 X1-9　直肠把握子宫颈输精（牛）

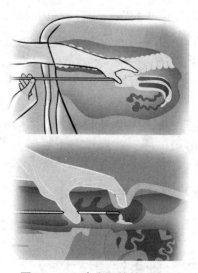

图 X1-10　牛人工输精示意图

三、母羊输精技术

（一）输精次数和输精量

母羊一个情期应输精两次，发现发情时输精一次，间隔 8～10 h 应进行第二次输精。每头份的输精量，原精液为 0.05～0.10 mL，稀释后精液应为 0.1～0.2 mL。

（二）输精方法

人员：输精人员应穿工作服，用肥皂水洗手，擦干，再用生理盐水冲洗。

器械：把洗涤消毒好的开膣器、输精枪、镊子用纱布包好，待用。

母羊：对发情母羊输精时，应对外阴部进行清洗，待干燥后再用生理盐水棉球擦拭（图 X1–11）。

用生理盐水擦拭后的开膣器插入阴道深部，触及子宫颈后，稍向后拉，以使子宫颈处于正常位置之后，轻轻转动开膣器 90°，打开开膣器，开张度在不影响观察子宫颈口的情况下，开张的愈小愈好（2 cm），否则引起母羊怒责，不仅不易找到子宫颈，而且不利于深部输精；输精枪应慢慢插入到子宫颈内 0.5～1.0 cm 处，插入到位后应缩小开膣器开张度，并向外拉出 1/3，然后将精液缓缓注入；输精完毕后，让羊保持原姿势片刻，放开母羊，原地站立 5～10 min，再将羊赶走。

（三）其他要求

输精人员要严格遵守操作规程，输精员输精时应切记做到深部、慢插、轻注、稍停。对个别阴道狭窄的青年母羊，开膣器无法充分打开，很难找子宫颈口，可采用阴道内输精，但输精量需增加 1 倍。输精后立即做好母羊配种记录。每输完一只羊要对输精器、开膣器及时清洗消毒后才能重复使用，有条件的建议用一次性器具（图 X1–12）。输精完毕，记录输精情况。

图 X1–11　母羊的人工输精

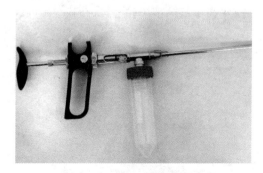

图 X1–12　羊人工输精器（金属）

四、母鸡输精技术

（一）输精时间及剂量

一般在 16：00 后进行，每隔 4~5 天输 1 次，原精 0.025 mL/ 只，第一次输可加倍。

（二）输精方法

2 人一组，1 人翻肛（图 X1-13），1 人输精。保定母鸡，将母鸡在笼内输精，左手张开呈虎口状，大拇指放在母鸡腹部左侧施压，将输卵管口外露，输精员插入 1~2 cm 输精（图 X1-14）。

图 X1-13　母鸡输精部位　　　　　　　　图 X1-14　母鸡的人工输精

（三）其他要求

输精同时翻肛人员的拇指要松开，放松对母鸡腹部的压力，使输入的精液完全被吸入。脏污或有气泡的精液不输，输后有产蛋的母鸡需重输。母鸡要检测白痢。

五、作业

1. 简述各种动物人工授精的特点。
2. 每人重复输精操作 2~3 头次。

实训二　冷冻精液生产标准化

一、实训目的

要求掌握细管冷冻精液生产标准，了解细管冷冻精液生产的主要步骤及操作规范。

二、实训原理

关于精子冷冻后复苏的原因大家所公认的是玻璃化假说。玻璃化假说认为，物质的存在形式有气态、液态和固态，其中固态又分为结晶态和玻璃态。

冰晶化是在降温过程中的一定条件下，水分子重新按几何图形排列形成冰晶。冰晶形成过程对精子造成的物理和化学伤害是造成精子死亡的主要原因。玻璃化是水在超低温（-250～-60℃）下，水分子仍然保持原来自然的无序状态，呈现玻璃样的超微结晶均匀冻结。精子在玻璃化冻结状态下，不会发生细胞脱水，仍维持原来的正常结构，从而使得精子在解冻后能够复苏和保持受精能力。

冰晶化和玻璃化的形成有一定的条件。冰晶化必须在-60～0℃低温区域和缓慢降温的条件下才能形成。降温越慢，形成的冰晶越大，其中-25～-15℃对精子的危害最大。玻璃化是在-250～-60℃超低温区域，经快速降温，迅速超过冰晶化而进入玻璃化阶段。但是玻璃化的可逆性是不稳定的，当缓慢升温再经过冰晶化温度区域时，玻璃化又先变为冰晶化再变为液化。所以，在精液冷冻技术中，对危害精子的冰晶化温度区域，无论降温还是升温都必须快速越过，使危害精子的冰晶来不及形成而直接变为玻璃化或液化。

三、实训材料与用品

1. **实训材料**：种公牛精液，鸡蛋。
2. **实训器具**：冰箱，电子天平，量杯，量筒，三角瓶，烧杯，试管，容量瓶，磁力搅拌器，干燥箱，恒温箱，恒温水浴锅，比色皿，精子密度仪，玻片，相差显微镜，恒温板，移液器（20 μL、400 μL、5 000 μL），细管封灌机，低温柜，冷冻柜，液氮罐（自增压液氮罐以及普通液氮罐），乙醇棉球，注射器，细管，拇指管，纱布袋，滤纸。
3. **药品与试剂**：蔗糖，甘油，生理盐水，青霉素，链霉素，超纯水。

四、实训内容

（一）稀释液的配置

1. **基础液——12% 蔗糖溶液**：准确称取 12 g 蔗糖，放入 100 mL 容量瓶内，加入蒸馏水约 50 mL，用玻棒搅拌溶解后，继续加入蒸馏水混匀定容至 100 mL。用滤纸过滤后置玻璃容器中，经 75℃水浴消毒 30 min，冷却备用

2. **卵黄**：用 75% 的乙醇棉球对鸡蛋壳表面消毒，乙醇挥发后敲破蛋壳除去蛋清，置于滤纸上轻轻滚动吸尽蛋清。用注射器穿过卵黄膜抽取卵黄。

3. **配方 1（适用于一次稀释法）**：12% 的蔗糖溶液 75 mL 加卵黄 20 mL、甘油 5 mL，用磁力搅拌器充分搅拌均匀后备用。上述稀释液中，每 100 mL 中加青霉素、链霉素各 5 万 ~ 10 万 U。也可选进口半成品稀释液 250 mL+250 mL 卵黄 +750 mL 超纯水。生产前 30 min 配制好稀释液后放入 34℃恒温水浴锅恒温备用。

（二）精液处理

1. **原精液的检测**

（1）精液量测量：精液质量（总质量 – 集精管重）/1.04= 精液量（mL）

（2）原精液活力：取 10 μL 精液于载玻片，盖上血盖片。放置在载物台为 38℃恒温板的相差显微镜上，在显微镜下观察视野中直线前进运动精子所占的比例（%），至少观察 3 个以上视野，进行综合评定。要求活力≥65%。

（3）精子密度测定：生产前 30 min 开启精子密度测定仪（图 X2-1），设置每剂剂量（0.25 mL）以及有效剂量（0.22 mL），取 3 960 μL 生理盐水加入比色皿放入样品室比色校零。取 3 960 μL 生理盐水和 40 μL 精液加入比色皿混合均匀，放置片刻。将混合均匀的样放入样品室，输入精液量、设置每剂总精子数（2 300 万，水牛 3 100 万），比色，记录。要求原精液密度≥6 亿。

2. **精液稀释**

采用一次稀释法。

方法一：精液加入烧杯（或奶瓶），取应加稀释液量的 1/3，沿杯壁缓慢加入烧杯，放置 10 min 后继续加稀释液至稀释总量，轻轻摇均匀。取 10 μL 稀释后的精液检测活力。自然降温 10 ~ 15 min 后，在室温下进行封装，封装后的细管精液放入专用的不透明塑料盒内，置于 3 ~ 5℃的环境中避光平衡 2 ~ 4 h。

方法二：精液加入烧杯（或奶瓶），取应加稀释液量，沿杯壁缓慢加入烧杯，一次完成。置水浴状态，放入 3 ~ 5℃的环境中避光降温、平衡 2 ~ 4 h 后，于 3 ~ 5℃的环境中进行封装。

注意，凡是接触精液的器皿应提前放置在

图 X2-1　精子密度测定仪

34℃恒温箱中；精液采集后尽快稀释，放置时间不超过 15 min；加稀释液时从杯壁流下，并缓慢轻摇。

（三）精液的封灌和印字

精液分装方法包括手动分装和机器分装。国内使用的细管分装机多数是进口的。一体机采用同一个系统一次完成灌装、封口、印刷标志的一体化操作。

每次生产前检查超声波封口装置（图 X2-2），保证细管封口严密；细管上印刷标志内容按照国标，要求字迹清晰、信息完整（生产站名、公牛品种、公牛号、生产日期、良补标志）。

（四）精液平衡

平衡是指精液稀释后精子在降温和在低温下的一个生理过程。国内各个种公牛站一般采用先封装后平衡方式。生产前 30 min 开启低温柜，细管托架也提前放入低温柜预冷（图 X2-3）。封装好细管后，将细管平放在不透明塑料容器内，将其置于低温柜内避光降温，生产完 30 min 后把细管码放在细管托架上，码放时注意细管摆放方向，棉塞端靠近操作者，便于取用。平衡（从 34℃降到 3~5℃）2~4 h。

图 X2-2 四头灌装封口机

图 X2-3 立式低温操作柜

（五）精液冷冻以及保存

1. **精液冷冻**：冷冻方法包括手动熏蒸冷冻和全自动冷冻（图 X2-4）。目前国内各种公牛站采用的全自动冷冻仪有计算机程序控制牛冷冻精液温度曲线，精液在冷冻柜中快速完成冷冻过程。

按照程控冷冻仪的技术要求（表 X2-1），使用时可使用系统默认冷冻温度曲线，打开自增压液氮罐阀门充氮并开启风扇，待冷冻柜内温度降至 4℃时，关闭风扇和阀门，将

图 X2-4 熏蒸柜和冷冻仪

剪掉封口段的细管放在冷冻柜内的探头上，迅速把平衡后的细管精液放入冷冻柜，盖上冷冻柜盖子，打开自增压液氮罐阀门充氮并开启风扇，启动程序自动完成精液冷冻。

表 X2-1　全自动冷冻仪控温程序

温度区 /℃	降温幅度 / (℃·min⁻¹)	降温时间 /min
−10 ~ 4℃	5	3
−100 ~ −10℃	40	2. 5
−140 ~ −100℃	20	2

2. **精液收集**：冷冻完成后，打开冷冻柜盖子，将细管冷冻精液棉塞端朝下放入纱布袋，迅速放入盛满液氮的容器内，待检验合格进行包装。

3. **细管冷冻精液的包装及保存**：检验合格后的细管冷冻精液可进行包装。包装方法包括手动包装（图 X2-5）、半自动包装机包装和全自动包装（图 X2-6）。包装时用手动包装机把冷冻后的牛细管冷冻精液放在液氮里，每 25 剂细管冷冻精液棉塞端朝下包装到一支拇指管里，再把拇指管装入纱布袋，每袋规格有 50 剂、100 剂、150 剂、200 剂。细管冷冻精液包装好后放入有液氮的液氮罐，即可入库销售。注意包装时，细管冷冻精液离开液氮面不能超过 3 s。

图 X2-5　手动细管包装机

图 X2-6　全自动细管包装机

五、作业

1. 叙述细管冷冻精液生产流程。
2. 评判原精液活力。
3. 配置稀释液。
4. 稀释原精液。

实训三　冷冻精液质量检验标准化

一、实训目的

要求掌握细管冷冻精液质量检验标准，了解细管冷冻精液质量检验的主要指标、操作规范。

二、实训原理

根据 2008 年国家标准化委员会发布修订后的牛冷冻精液标准（GB4143—2008），牛冷冻精液剂量≥0.18 mL，解冻后活力≥35%（水牛的解冻后活力≥30%），每剂量中直线运动精子数≥800 万（水牛的≥1 000 万），精子畸形率≤18%（水牛≤20%），菌落数≤800 个。

三、实训材料与用品

1. **实训材料**：细管冷冻精液。
2. **实训器具**：小试管，试管架，细管剪，玻璃细管，细管专用推针，镊子，相差显微镜，显微镜恒温载物台，恒温水浴箱，载玻片，血盖片，移液器，血细胞计术板，血色素管，1 mL 刻度吸管，计数器，量筒，三角漏斗，试剂瓶，染色板，玻片架，隔水式恒温培养箱，超净工作台，三角烧瓶，培养皿，酒精灯，放大镜，菌落计数器，乙醇棉球。
3. **药品与试剂**：营养琼脂培养基粉，氯化钠，磷酸二氢钠，磷酸氢二钠，甲醛，双蒸馏水，半成品姬姆萨染料，甲醇，碳酸镁。

四、实训内容

（一）外观

采用目测法，细管无裂痕，两端封口严密，细管上印刷标志内容按照国标，要求字迹清晰、信息完整。

（二）剂量

取 3 支细管冷冻精液自然解冻（图 X3-1），剪去超声波封口端，用细管专用推针把精液

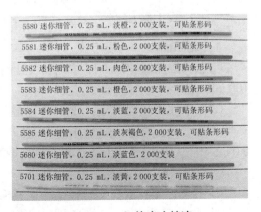

图 X3-1　细管冷冻精液

逐一推入小试管内，用玻璃吸管与检卵器连接紧密后吸尽小试管内的精液，准确读取吸管内精液量值。3支冷冻精液的毫升数的平均值即为该样品的剂量。

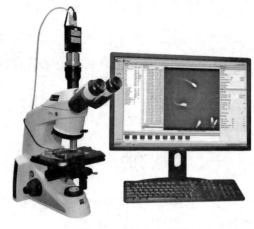

图 X3-2　相差显微镜

（三）冻后活力

精子活力是指在37℃环境下前进运动精子占总精子数的百分比。普遍使用目测法。

取3支细管冷冻精液，棉塞端朝下分别直接置于37℃恒温水浴锅中解冻数十秒，剪去超声波封口端，用细管专用推针把精液逐一推入小试管内，混匀。

取10 μL解冻精液置于载玻片一端，再取10 μL置于载玻片另一端，分别盖上血盖片，立即在显微镜（10×40，图X3-2）下观察精子运动情况，也可通过显微镜录像系统在显示屏上观察，载物台温度应保持在38℃。观察部位选择盖玻片的中部，每样片观察3个视野，综合2个样片的平均值为最终评定结果。

（四）每剂量中前进运动精子数

取3支细管冷冻精液，棉塞端朝下分别直接置于37℃恒温水浴锅中解冻数十秒，剪去超声波封口端，用细管专用推针把精液逐一推入小试管内，混匀。用一次性微量采血管或血色素管或移液器吸取20 μL精液注入盛有0.98 mL的3%氯化钠溶液的试管内，混匀，为50倍稀释的精液。

将准备好的血细胞计数板用血盖片将计数室盖好，用移液器吸取10 μL稀释精液于血盖片边缘，使精液自行流入计数室内，均匀充满，无气泡。静置约5 min，在显微镜下观察计数，25个中方格的四个角加中央共计5个中方格内的精子数。计数时压在边界网格双线上的精子，以头部为准，数上不数下，数左不数右。

简化的计算公式为：每剂量中的精子数 =5个中方格的精子数 ×250万（细管）×剂量值

（五）精子畸形率

1. 试剂配制

（1）磷酸盐缓冲液：称量磷酸二氢钠0.55 g、磷酸氢二钠2.25 g，双蒸馏水定容至100 mL。

（2）中性甲醛固定液：取40%甲醛（HCHO，使用前经碳酸镁中和过滤）8.0 mL，称取磷酸二氢钠0.55 g、磷酸氢二钠2.25 g，用0.89%氯化钠约50.0 mL溶解后加入8.0 mL中和后的甲醛，再加0.89%氯化钠溶液定容至100.0 mL。

（3）半成品吉姆萨染色液。

2. 检测方法：取3支细管冷冻精液棉塞端朝下分别直接置于37℃恒温水浴锅中解冻数十秒，剪去超声波封口端，用细管专用推针把精液逐一推入小试管内，混

匀，备用。

（1）抹片：取精液 1 滴，滴于载玻片一端，用另一载玻片与有样品的载玻片呈 35°夹角，将样品均匀地涂布于载玻片上（每个视野中大约有 20 个精子）。每个样品制作 2 个抹片，风干 5 ~ 10 min。

（2）固定：把已风干的抹片反扣在染色板上，把中性甲醛固定液滴注于槽和抹片之间，让其充满平槽并使抹片接触固定液，固定 15 min 后用清水缓缓冲去固定液，自然风干。

（3）将固定好的抹片反扣在染色板上，把吉姆萨染色液滴注于槽和抹片之间，让其充满平槽并使抹片接触染色液，染色 1.5 h 后用清水缓缓冲去染色液，自然风干待检。

（4）镜检：将制备好的抹片在显微镜下观察（10 × 40），判别形态正常精子和形态异常精子（图 X3-3）。每片观察 200 个以上精子，取 2 个抹片平均值，2 个抹片的变异系数不得大于 20%，若超过应重新抹片。

（5）统计分析：精子畸形率 =（畸形精子数 / 精子总数）× 100

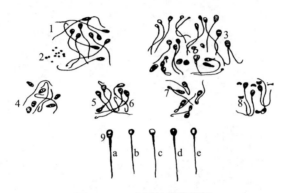

图 X3-3　畸形精子类型图

1. 正常精子；2. 脱落的原生质滴；3. 各类畸形精子；4. 头尾分离；5、6. 带原生质滴的精子；
7. 尾弯曲精子；8. 脱落顶体；9. 各种家畜正常精子：a. 猪　b. 绵羊　c. 水牛　d. 牛　e. 马

（六）细菌计数

1. **商品化的营养琼脂培养基**：称取营养琼脂培养基粉 6.2 g，蒸馏水 200 mL，加热煮沸至完全溶解，经 121℃，15 min 灭菌备用。恒温水浴箱温度调至 53℃存放已消毒好的营养琼脂。

2. **解冻**：每个样品取 2 支支细管冷冻精液棉塞端朝下分别直接置于 37℃恒温水浴锅中解冻。

3. **操作方法**：在超净工作台内，点燃酒精灯，培养皿盖面标记牛号以及生产日期，75% 乙醇棉球消毒整只细管，细管剪用酒精灯火焰消毒，剪去细管封口端，用细管专用推针将整支细管精液推入培养皿内，及时将准备好的营养琼脂培养基倾倒入培养皿内约 15 mL，缓慢转动培养皿使其与精液混匀。同时将营养琼脂倾倒入一没精液的培养皿作为空白对照。待营养琼脂凝固后，翻转培养皿，放置在恒温培养箱内，37℃培养 48 h。每头种公牛做两个样品。可在恒温培养箱内放一小烧杯水，48 h 后立即计数。

4. **计数方法**：菌落计数时，应处于明亮处，用肉眼观察培养皿表面，所见菌落采取笔点心计。菌落计数结果采用两个培养皿的平均数。亦可用菌落计数器（图 X3-4）计数。

　　每个样品的两个培养皿内菌落平均数减去空白对照组的菌落数即为该样品的菌落数。

图 X3-4　菌落仪

五、作业

1. 识别细管的印刷标志。
2. 测量有效剂量。
3. 统计每剂量中前进运动精子数。
4. 识别正常精子和畸形精子。

实训四　胚　胎　移　植

一、实训目的

胚胎移植不仅应用于实验动物，也应用于生产动物。本实训以家兔、小鼠、羊、牛等为实验动物，旨在培训学生掌握超数排卵和胚胎移植技术的原理和操作程序，加深对生殖激素生物学作用及作用机制和发情排卵调控的理解，掌握家兔超数排卵、周期发情、配种，以及手术法采胚（卵）、捡胚和胚胎移植的基本原理和操作技能，为开展动物转基因、生物反应器、体细胞克隆等技术研究和生产应用奠定基础。

二、实训原理

胚胎移植技术是克隆、转基因、体外受精和性别鉴定等各项胚胎生物技术研究和发展必要的技术手段和环节，也是目前比较流行的动物繁殖技术之一。

在牲畜的适宜生理时期应用促性腺激素、促卵泡素、孕马血清促性腺激素、人绝经期促性腺激素可以促进卵泡发育，应用促黄体素（LH）、前列腺素（如氯前列烯醇）可以促进排卵甚至同期排卵。

将种用价值较高的牲畜（供体）超数排卵所得胚胎移植到种用价值较低、处于生理同期的牲畜（受体）生殖道（输卵管或子宫，取决于胚胎发育时期）内，发育成熟后，受体牲畜分娩，产出供体牲畜的后代。

三、实训材料和用品

1. **实训材料**：供体和受体母兔。在生产实践中，供体母兔的种用价值或经济价值愈是高于受体母兔，胚胎移植的意义愈大。此外，要求供体和受体母兔的膘情好，而且经过标准化饲养。牛，羊，小鼠。

2. **实训器具**：规格为 1 mL、2 mL、5 mL、10 mL 的注射器，手术刀，手术剪，手术镊，止血钳，创布，缝合针，缝合线，手术台，冲卵管，移胚管，连续变倍体视显微镜，表面皿，移植器等。

3. **药品与试剂**：FSH（促卵泡素），PMSG（孕马血清促性腺腺激素），LH，氯前列烯醇，2% 普鲁卡因，速眠新，苏醒灵，生理盐水，75% 乙醇，2% 碘酊，青霉素，链霉素，冲卵液（PBS），保存液。

四、实训内容

（一）兔的胚胎移植

1. 供体及受体母兔选择：选择品种优良，生产性能、遗传性稳定，谱系清楚，体质健壮，繁殖功能正常，无遗传和传染性疾病，年龄在 1~2 周岁以内，种用或经济价值较高的母兔作为供体。受体母兔的种用价值或经济价值较低，但生理特别是生殖功能正常，饲养管理较好。

2. 供体母兔超数排卵：超数排卵的方法较多，但目前较多采用促卵泡素减量注射法进行处理，用手术法进行冲卵。

每次实验选择 66 只发情母兔（阴道口潮湿，呈粉红色），以总量 36 U 的 FSH 采用递减剂量分 4 天进行 8 次皮下注射，最后一次加注 10 U 的 LH。

3. 供体及受体母兔的同期发情：为使受体兔与供体兔处于相同或相近的生理阶段，以便胚胎着床，每次实验取受体兔进行假孕处理，与供体兔同期皮下注射 LH，并立即与输精管结扎的雄兔合笼饲养，刺激排卵，造成假孕生理状态。

4. 供体兔配种：最后一次注射激素后，投入公兔，第 2 天便可进行胚胎回收。

5. 胚胎回收（手术法）：主要包括：器械和冲卵液的准备，供体兔的保定和麻醉，冲卵（胚）管的插入，灌流回收卵或胚胎，术后处理等环节。

冲胚一般在合笼（配种）后 72~96 h、最多不超过 106 h 较合适，这时冲洗出的胚胎 2~6 肛门大小，晶莹透明，沉于培养皿底部，肉眼就能检胚，用吸胚管很容易操作，移植入受体兔也较易存活。

（1）麻醉：按每千克体重 0.1~0.2 mL 的剂量，肌内注射速眠新合剂，进行麻醉。

（2）手术：麻醉后，保定于手术台，术部消毒，沿腹正中线切开，找出双侧输卵管，插入导管并固定。

（3）冲胚：用注射器抽取 5~6 mL 冲卵液（PBS+100U 青霉素 +100 μg 链霉素），由子宫向输卵管伞端冲洗，用平皿收集胚胎。

（4）术后处理：在缝合手术切口前用含青霉素和链霉素的 PBS 液冲洗输卵管，以防发生术后粘连。在第 2~3 次手术时，每次间隔至少 50 天以上，操作步骤同前，若手术切开腹腔后，发现输卵管有粘连者应淘汰，不能进行下一次实验。

（5）捡胚：在 20~40 倍解剖显微镜下取胚，用移液枪头轻吹打使之完全分离，筛选并捡取形态正常、透明带完整的胚胎。

（6）移植：受体兔注射 LH（注射时间可在注射供体兔之后）10 U 后与结扎输精管的公兔合笼，在供体兔手术取胚后，植入受体母兔的输卵管内，分别缝合肌层和皮肤，再放入笼中分笼饲养观察。

（二）牛的胚胎移植

1. 供体及受体母牛的选择

（1）供体母牛的选择：当制订胚胎移植计划时，一定要慎重地选择好适合的供体牛，要求健康无疾病、具有较高的育种价值和生殖功能处于较高的水平。

从技术和经济两方面考虑，可参考以下原则：

① 品种优良：符合本品种标准，血统、体型外貌和生产性能全优，具有早熟性和长寿性，且遗传性稳定，谱系清楚，无遗传缺陷。

② 体质健康：体质健壮，肢蹄强健，繁殖功能正常，无遗传病、传染病、难产、流产和繁殖障碍的经历，或很低的助产率。发情周期不明显的繁殖障碍牛，患子宫内膜炎或长期空怀母牛，都不能作为供体。

③ 年龄适宜：在15月龄到8周岁以内为宜。

④ 繁殖品质：具有较高的繁殖力，生殖器官正常，发情周期正常。从幼龄起发情周期就正常（或至少以前有过两次正常发情的）母牛，经产后60天以上有两次正常发情记录；受胎性好，受胎率及配种指数较好，连续多年一年产一犊。

⑤ 排卵成绩：母牛生殖器官发育良好，尤其是卵巢、子宫的状态，对超数排卵要有良好的反应，且排卵数多，采得的受精卵质量良好。

⑥ 性情温顺：选择性情温顺的母牛作为供体，以便于操作。预作为供体的母牛，最好有一次完整的生产记录（产犊、产奶），以衡量其种用价值后，才有可能作为供体选择的对象。

（2）受体母牛的选择：受体牛仅作为借腹怀胎，不要求遗传性状，但发情周期必须正常，生殖器官无疾病，体形大且健康，可用廉价低产的青年奶牛或黄牛作受体。

（3）供体、受体母牛的发情同期化处理：由于在发情周期内，母牛的生理变化很大，供体和受体的生理状况要趋于一致，否则移植后的胚胎不能存活。因此，要求供体、受体母牛在发情时间上要相同或相近，前后不宜超过1天。所以要对供体和受体进行同期发情处理。

2. 体外受精胚胎生产：在胚胎移植中，通常采用超数排卵法获得优良胚胎，但是该方法效率低下，成本较高。20世纪80年代以来，发达国家对体外受精胚胎生产技术进行了广泛的研究，取得了突破性进展。目前，牛胚胎的实验室生产技术在许多发达国家已成为常规技术。实验室胚胎生产技术的完善不仅在实际生产中具有重大经济意义，可以生产大量廉价胚胎，而且成为理论研究的重要技术手段。一些高新技术，如克隆动物的生产、转基因动物的生产等都必须以实验室胚胎培养技术为基础。

目前，牛胚胎的实验室培养技术主要有两种方法。一种是共培养系统。该系统首先必须在培养皿上贴壁培养输卵管上皮细胞、颗粒细胞等，然后将受精卵和贴壁培养的上皮细胞一起培养，直至生产出可用胚胎。共培养系统是一种操作复杂、费时、费力的胚胎培养方法。另一种是人工合成输卵管液（SOF）培养系统。相对而言，该方法操作比较简单，而且经过近年来的研究和完善，SOF培养系统的培养效果已达到甚至超过共培养系统。

利用超声波引导法在牛体上体外受精生产胚胎，近年来得到发展并逐渐成熟。此项技术已开始在生产中应用，对患繁殖障碍或因老龄无超数排卵反应的高产母牛来说，利用活体采卵技术，无疑可以生产优质胚胎。

实验室胚胎生产技术是一项复杂的系统工程。全部过程包括，卵母细胞的采集方法、卵母细胞的成熟培养方法，精子的获能处理方法、精卵的受精培养方法和胚胎的发育培养方法。要想获得理想的实验室胚胎生产效果，必须提高每一步的效率，使整个过程达到最完善的组合。

3. **胚胎的收集**：指的是利用冲卵液将早期胚胎从供体母牛的子宫角内冲出来，并收集于一定的器皿中。胚胎的收集方法有手术法和非手术法两种，现普遍采用非手术法。一般在供体母牛发情配种后 6 ~ 7 天内收集胚胎，胚胎处于致密桑椹期和囊胚期。此方法简便易行，对生殖道损伤的危险性小，收集效果比较好。

首先将供体牛保定，体位前高后低，便于操作和胚胎冲出。尾根处（第 3—4 尾椎）剪毛，乙醇消毒，注射 2% 普鲁卡因 2 ~ 3 mL 或 2% ~ 4% 盐酸利多卡因 2 ~ 4 mL 等进行尾椎硬膜外麻醉。如牛不安宁，可肌内注射 2% 静松灵 2 ~ 4 mL。直肠检查卵巢大小、子宫状况，估计黄体数量。清洗外阴部，用消毒液消毒。

非手术冲取胚胎所用的冲卵管有二路式和三路式，其不同之处是冲卵液注入和导出的管道，二路式是同一管道，而三路式则各有进出两个管道。另外，两种冲卵管都有一注入空气的管道，使之冲卵时，可将子宫角内腔基部固定。但气囊充气应适度，过于膨胀易损伤子宫内膜，过小则不能固定冲卵管，使子宫留有间隙，冲卵液由阴道流出。

一般每侧子宫角需冲卵液 500 mL，冲卵液温度保持在 37℃，冲卵液的导出应顺畅，进出液量要相当。因此，操作时可用手隔着直肠壁将子宫提高，促进液体回流。收集到的冲卵液，置于 37℃ 无菌间待检。收集胚胎的冲卵液目前多采用改良的杜氏磷酸缓冲液（mPBS），此液可用于冲洗胚胎，也可用于胚胎的保存液和培养液。配制方法简单，成本低，比较适用。

4. **胚胎的检查和级别划分**：将收集到的冲卵液静置 10 ~ 30 min，待胚胎下沉后，将上层液吸出，剩余的沉淀液体（约 50 mL）分别倒入几个检卵杯中，置于体视显微镜下将胚胎检出。检查时要求仔细快捷，不要丢失胚胎，在 30 min 以内检查完毕，以防显微镜光源温度高，而使载物台温度上升，从而影响胚胎质量。

将收集到的胚胎，置于高倍镜下观察其形态和发育时期。正常发育的胚胎，卵裂球整齐清晰，大小较一致，分布均匀而紧密，透明带完整，发育速度与胚胎日龄相一致。而没有受精、透明带内卵裂球异常、透明带破损等为不可用胚胎。

5. **胚胎的移植**：牛的胚胎移植方法有手术和非手术移植两种，目前多采用非手术移植法（图 X4-1）。使用特制的胚胎移植器，通过阴道和子宫颈，将胚胎注入到子宫角的一定部位。其操作过程如下：

（1）受体牛的保定和消毒：与供体牛处理方法相同。

（2）胚胎的洗涤和封装：将鉴定的优良胚胎用新鲜的保存液洗涤 2 ~ 3 次，以除去附着的黏液、杂质等，然后将胚胎封装于 0.25 mL 的塑料细管中。封装时，先在细管内吸入保存液大约 5 cm 长度，然后使管内形成 0.5 cm 的空气层，再吸入含有保存液的胚胎大约 2.5 cm 长度，再形成 0.5 cm 的空气层，最后吸入保存液直至管端。胚胎装入后，必须将细管放在显微镜下检查，以确定胚胎是否在管中。

（3）移植胚胎：将封装好胚胎的细管，开口一端（远离棉芯的一端）向内装入移植器中。直肠检查受体牛卵巢排卵一侧的黄体质地，通过直肠把握子宫颈，将移植器送入子宫颈，再直肠把握子宫角，把移植器轻轻推入有黄体一侧的子宫角，并使其深入到子宫角的大弯部，随后将胚胎推入并缓慢取出移植器。操作时注意动作要稳、快，移植部位要准确，移植后检查细管，看有无胚胎遗漏。如有遗漏，则需重新移植。

（4）供体和受体的术后观察：胚胎移植后要注意观察供体和受体的健康状况和在预定的时间内是否发情。对于供体牛，在下一次发情即可配种，如仍要做供体则一般要经过2～3个月才可超排卵。对于受体牛，如移植后发情，则表明移植失败，可能胚胎丢失、死亡、吸收或有缺陷，也可能是受体牛的子宫环境不相适宜；如未发情，也要继续观察3～5个情期，并在适宜时期进行妊娠诊断。

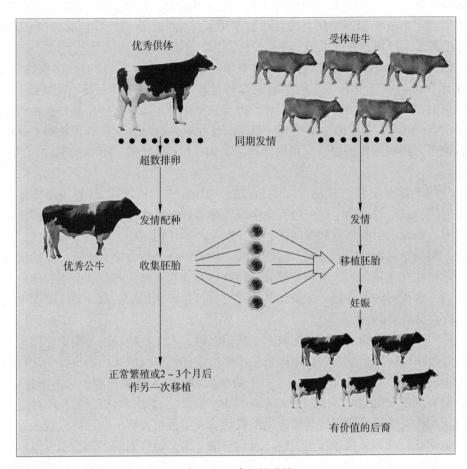

图 X4-1　牛胚胎移植

（三）羊的胚胎移植

1. 供体与受体的选择

（1）供体羊：应以经济价值较高，品种优良，生产性能好；遗传性能稳定，谱系清楚；体质健壮，繁殖功能旺盛，无遗传病、生殖道疾病和传染性疾病，年龄在2.5～6岁以内为宜；产羔历史清楚，性周期正常；产羔60天以上，经观察至少有两个以上正常发情周期的母羊。与之交配的种公羊要求：谱系清楚，检疫合格，遗传性能稳定，生产性能优良，符合本品种特征，精液品质良好。

（2）受体羊：繁殖性能良好，发情周期正常，无繁殖功能疾病，经检疫无传染疾病，健康、膘情在7成以上；年龄在1.5～6岁之间；经观察有两个正常发情周期的母羊。

2. 同期发情和超数排卵处理

羊同期发情（synchronization of estrus）是利用某些外源激素人为地控制并调整一群母羊发情周期的过程。其药物机制一是对群体母羊同时使用某种激素，抑制卵巢上卵泡的生长发育，经过一定的时间后停药，使卵巢功能恢复正常，引起同期发情。其实质是延长了发情周期，推迟了发情期。二是使用性质完全不同的另一种激素，抑制黄体，加速其消退，缩短黄体期，为卵泡期提前到来创造条件。黄体退化将导致母畜发情。其实质是缩短了发情周期，使发情期提前到来。主要方法有：前列腺素（PG）二次注射法、CIDR+PG 法、MAP（甲羟孕酮）法。通常使用氟孕酮阴道海棉栓埋植或埋植 CIDR，被认为是控制母羊同期发情最可靠、最准确的方法。

超数排卵（superovulation）是在母羊发情周期的适当时间，注射外源促性腺激素，使卵巢比在自然状态下有更多的卵泡发育并排卵的技术，简称超排。主要应用于牛、羊，效果明显，对于多胎的猪意义不大，母马则很难产生反应。应用超排技术可使羊每次排卵由 1~4 个增加到 10~20 个或者更多。作用：发挥母畜优良的繁殖潜力；促进家畜改良速度，加快遗传进展。常用的激素有 FSH、LH、PMSG、HCG、PGF2、PGc 和孕激素等。

常用的超排方案有 FSH 法、FSH+PG 法、CIDR+FSH+PG 等。目前羊超排多用 FSH 多次注射法，超排效果稳定，一般不会出现卵巢囊肿和持续发情等现象，但多次注射费人、费力，而且易引起剂量和时间的误差。而 PMSG 使用方便，仅需注射 1 次，价格相对低廉，对动物刺激性小。然而，超排后残余的 PMSG 会导致第二次排卵波的出现，使超排个体往往存在较大的卵泡和一部分退化黄体，这些大卵泡的存在会引起体内雌激素水平增高，从而对卵子成熟、受精和胚胎的发育产生不利影响。故一般不采用 PMSG 对家畜进行超排处理。

超排的母羊可以使用自然交配或人工授精配种，人工授精胚胎可用率略低于自然交配，一般建议以自然交配为好。在种公羊不够的条件下，可以采用采集鲜精进行人工授精，配种前最好进行精液品质检查，对于精液活力差、浓度太稀的种公羊不建议使用。自然交配可试情发情后配 2 次，每次间隔 12 h，为保险起见，可以配种至不接受爬跨为止。每次配种完成后要仔细检查是否交配成功。人工授精要严格按照操作规程进行，一般每只羊输 0.2 mL，无菌操作很关键，每只羊输 2 次，每次间隔 12 h，也可以输精至不接受爬跨为止。在配种时注射半支 A3 有助于卵母细胞集中排出受精，可提高胚胎发育的同期率。

3. 胚胎的收集：胚胎的收集是指用冲卵液将胚胎从生殖道冲出，收集在器皿中的过程。

（1）冲卵液：现在多采用 PBS、Brinster's medium-3、SOF、Whitten's medium、Ham's F-10 及 TCM199 等，在使用时一般需含 1%~5% 的犊牛血清或 0.3%~1% 的牛血清白蛋白。

（2）收集时间：以母羊接受爬跨发情的当天作为发情的第 0 天，在第 6 天进行胚胎收集，可获得较多的致密桑葚胚，第 7 天多为囊胚或扩张囊胚、孵化囊胚。第 5 天以 16~32 细胞期桑葚胚为主，一般第 6 天胚胎移植受胎率高于其他天。收集时间不应早于排卵后的第 1 天即最早要发生第一卵裂之后，否则不易辨别卵子是否受精。一般在配种后 3~8 天。

（3）收集方法

① 手术法收集

输卵管冲胚：供体羊发情后 2~3 天，就可采用输卵管冲胚法，分顺向冲胚和逆向冲胚。

子宫角冲胚：供体羊发情后 6～7.5 天，可采用子宫法采卵。非手术法收集：主要用于大家畜在配种后 6～8 天进行。分二路法和三路法。手术法采胚：输卵管冲胚：将冲胚管一端由输卵管伞部喇叭口插入 2～3 cm 深处（打活结或用钝圆的夹子固定），另一侧接集卵皿。用注射器吸取 37℃ 的冲卵液 5～19 mL，在子宫角靠近输卵管的部位，将针头朝输卵管方向扎入，一只手的手指在针头后方捏紧子宫角，另一只手推注射器，冲卵液由宫管结合部流入输卵管，经输卵管流入集卵皿。此法胚胎回收率高，冲卵液用量少，检卵省时间。但容易造成输卵管及伞部粘连。子宫冲胚：将子宫暴露于创口表面后，用套有胶管的肠钳夹在子宫角分叉处，注射器吸入冲卵液 20～30 mL（一侧用 50～60 mL），冲卵针头（钝形）从子宫角尖端插入，当确认针头在管腔内，进退通畅时，将硅胶管连接于注射器上，推注冲卵液。当子宫角膨胀时，将回收卵针头从肠钳基部的上部迅速扎入，冲卵液经硅胶管收集于集卵皿内，最后用两手拇指和示指将子宫捋一遍。另一侧子宫角用同样的方法冲胚。进针时避免损伤血管，推注冲卵液时力量和速度不宜太快。子宫法对输卵管损伤很小，但回收率较输卵管法低，用液较多，检卵时用的时间较长。

② 非手术法采胚：常用于大家畜的胚胎收集，如牛的非手术法收集胚胎，将冲洗液通过内管注入子宫角内，然后冲洗，外端前段连接气囊，将冲卵器插入子宫内时，充气使气囊胀大，堵住子宫颈内口以免冲洗液经子宫颈流出。只能当胚胎进入子宫角后进行。

4. 胚胎的检查：收集到的冲洗液，须静置，待胚胎下沉后，移去上层液，再放于解剖镜下，检查胚胎数量和发育情况，开始捡胚。将胚胎移植培养液中。

胚胎鉴定：根据透明带、胚胎细胞、发育阶段及细胞在透明带中的比例确定胚胎级别。主要分：A、B、C、D 4 级。A、B 级胚胎可以冷冻保存。

5. 胚胎保存：①慢速冷冻法；②快速冷冻法；③一步细管法；④玻璃化冷冻；⑤三步平衡冷冻法。

胚胎常规保存：采集到的胚胎，如果不能立即移植给受体羊，可经短期或长期保存。生产上进行鲜胚移植时，一般上午采集的胚胎，下午移植，或将胚胎净化后，在胚胎保存液（国产或进口）中室温条件下短期培养 4～5 天对胚胎的存活影响不大。据报道，将绵羊胚胎在 0～13℃保存 10 天仍然能移植成功；在冰箱中 4～6℃的条件下保存 4 天，胚胎存活率也很理想。

胚胎的冷冻保存：目前应用胚胎冷冻技术已经能够长期保存绵羊胚胎，并向着实用易行的方向发展。

6. 胚胎的移植：鲜胚移植对供体羊与受体羊要求同步发情，即供体羊和受体羊同一天发情，供体羊配种，受体羊发情待移植，鲜胚移植待发情后 48～60 h 进行手术移植（早则胚胎细胞分裂不明显，卵巢黄体出血多易造成粘连；迟则胚胎进入子宫角），供、受体羊同步率不能超过 ±12 h，否则影响受胎率。

受体羊的手术部位、方法与取卵时相同。移植分为输卵管移植和子宫移植两种。移植部位：一般把受精卵和桑葚胚移植到输卵管，把致密桑葚胚阶段以后的胚胎移植到子宫角前 1/3 处。每只受体移植鲜胚 1～2 枚、解冻胚 3～4 枚，观察受体，把胚胎移入有黄体一侧的子宫角。

（1）手术法移植：在受体腹部做一切口，找到排卵一侧的卵巢并观察黄体发育情况，用注射器或移植管将胚胎注入到同侧子宫角上端或输卵管壶腹部内（以胚胎发育阶段而定），只需吸取少量的冲洗液连同胚胎一起注入。

（2）非手术法移植：主要对于大家畜，如牛的非手术移植，将一只手深入直肠，先检查黄体位于哪一侧和发育情况，后握住子宫颈（与人工受精操作一样），另一只手将移植管插入与黄体同侧的子宫角内，注入胚胎。

7. 供受体的护理与观察

（1）术后供受体的抗炎处理。

（2）健康状况检查。

（3）返情状况的检查。

（4）妊娠检查及妊娠确定术后供、受体羊放入羊舍，之后观察 24 h。24 h 后可随群放牧，细心照料。供体羊待 9 天后用 PG 进行消换处理，每只羊 2 mL，发情后配种。受体羊对复情的进行配种，对未复情的确定妊娠后，除了加强饲养管理和护理外，避免应激，做好保胎防流产。

（四）小鼠的胚胎移植

1. 胚胎移植： 从受精卵到囊胚（受精 0.5~3.5 天），都可以转移至假孕鼠的生殖管道以完成发育。胚胎移植有输卵管移植和子宫移植两种。单细胞到桑椹期的卵可转移至受孕 0.5 天的假孕鼠的输卵管。输卵管移植仅适用于被透明带包裹的卵，3.5 天的囊胚转移至假孕鼠的子宫。用于子宫移植的胚胎不需有透明带。

2. 输卵管移植

（1）将假孕鼠麻醉后在背部偏下方表皮，70% 乙醇消毒。

（2）在背腰中央纵向剪开皮肤，开口约为 0.7 cm。用镊子沿切口剥开皮肤、肌肉，透过肌层可见白色脂肪垫位于脊柱两侧约 1 cm 处。

（3）在脂肪垫的位置剪开肌肉层，切开 0.5 cm 的小口，用小镊子夹住脂肪组织，把一侧的卵巢、输卵管与子宫一起拉出，固定好，置于显微镜下。

（4）用移胚管吸取卵子。可先吸入部分石蜡油，再吸卵以便于控制。吸卵前先吸 1 个气泡，然后再吸一段培养液，接着吸卵，再吸一个气泡，最后吸进一些培养液。

（5）用镊子夹住输卵管喇叭口周围接合部，随即将移胚管插入喇叭口中，轻轻向输卵管内吹气，直至第二、第三个气泡进入输卵管内。移胚管略停一下再行拔出，以防气泡与卵子逸出。

（6）将脂肪垫、卵巢、输卵管及子宫等复位，缝合伤口。小鼠苏醒后单笼饲养，18 天左右分娩。

3. 子宫移植

（1）小鼠的麻醉和解剖同输卵管移植。

（2）解剖镜下用小镊子夹住子宫上端，在子宫上端血管分布少处，用 4 号针头刺破子宫壁。拔出针头。

（3）用移胚管吸取囊胚，方法同输卵管移植，将移胚管沿原针刺孔隙插入子宫，轻轻将胚胎吹入子宫内。

（4）将子宫、输卵管及卵巢等复位。缝合伤口，消毒后等待小鼠苏醒。18 天左右分娩。

五、注意事项

1. 受体的生理时期必须与供体胚胎的胚龄保持一致。
2. 冲胚部位取决于胚龄或配种后天数。家兔在胚胎迁移至子宫前,应在输卵管冲胚;否则,在子宫冲胚。

六、作业

1. 根据实验结果,总结超数排卵和胚胎移植实验成功的经验,分析实验失败或不理想的原因,提出改进措施,写出实验报告。
2. 供体家兔在输精前,为何必须注射促排卵激素或用结扎输精管的公兔进行交配处理?
3. 家兔胚胎迁移至子宫的具体时间是在配种后多少天?
4. 家兔为多胎动物,实施胚胎移植技术有何意义?
5. 胚胎移植目前存在的问题有哪些?

实训五　妊娠诊断、助产及产后护理

诊断母畜妊娠的方法有外部检查法、阴道检查法、直肠检查法和实验室诊断法等。其中以直肠检查法最准确、最可靠，且简便易行。虽然外部检查法和阴道检查法的准确性较差，但均属于畜牧工作者必备的专业知识，所以也应该学习这两种方法。

Ⅰ. 外部检查法

一、实训目的

掌握母畜外部检查的妊娠诊断方法。

二、实训材料与用品

1. **实训材料**：妊娠后期的母马、母牛，妊娠 2.5 个月以上的母羊、母猪数头，受检家畜妊娠 1~3 个月、4~5 个月及 6 个月以上的母牛、母马（驴）和妊娠 1 个月左右的母羊、母猪。

2. **实训器具**：保定器械，听诊器，多普勒妊娠诊断仪。

三、实训内容

外部检查的方法包括视诊、触诊和听诊 3 种方法。

（一）视诊

妊娠家畜，可以看到腹围增大，腰部凹陷，乳房增大，出现胎动。但不到妊娠末期，通常难以得到确诊。

1. **牛**：由于母牛左后腹腔为瘤胃所占据，所以检查者站立于妊娠母牛后侧观察时，可以发现右腹壁突出。

2. **猪**：妊娠后半期，腹部显著增大下垂（胎儿很少时，则不明显），乳房皮肤发红，逐渐增大，乳头也随之增大（图 X5-1）。

3. **马**：由母马后侧观看时，母马的左侧腹壁较右侧腹壁膨大，左腰窝亦较充满，在妊娠末期，左下腹壁较右侧下垂。

4. **羊**：妊娠表现与牛相同，在妊娠后期

图 X5-1　妊娠母猪腹围增大

右腹壁表现下垂而突出。

（二）触诊

在妊娠后期，可以从腹壁触及胎儿。

1. **牛**：早晨在饲喂之前，用手掌在母牛右膝的腹壁处下方，压触以诱发胎儿运动，亦可用拳头在此部往返抵动，以触觉胎儿。但用此法不可用力过猛，以免引起流产。母牛能触及胎儿的时间一般须在妊娠 6 个月以后，如果在右侧触诊不到可改换到左侧试诊。

2. **猪**：触诊时，使母猪向左侧方卧下；然后细心地触摸腹壁，妊娠 3 个月的母猪，可在乳腺的上方与最后两乳头平行处，触摸到胎儿，消瘦的母猪在后期比较容易触摸。

3. **马**：乳房稍前方的腹壁上，用手掌多次抵压来进行触摸。能触摸胎儿的时间，削瘦的母马是在 7 个月以后，肥胖的母马要在 8 个月以后才能触及胎儿。

4. **羊**：检查者在羊体右侧并列而立，或两腿夹于羊之颈部，以左手从母羊的左侧围住腹部，而右手从右侧抱之，如此用两手在腰椎下轻压腹壁，然后用力压迫左侧腹壁，即可将子宫转向右腹壁，而右手则施以微弱压力进行触摸，感觉到的胎儿好似漂浮在腹腔内的硬物。在营养较差、被毛较少的母羊有时可以摸到子宫，甚至可以触觉到胎盘。

（三）听诊

听诊即听取母体内胎儿的心音。

1. **牛**：在妊娠第 6 个月以后，可以在安静的场地由右膁部下方或膝襞内侧听取胎儿心音。

2. **马**：马乳房与脐之间，或后腹下方来听取胎儿心音。约在妊娠后第 8 个月以后可以清楚地用听诊器听到，但往往由于受肠蠕动音的影响而不易听到。

无论牛和马，胎儿的心音数均要比母畜多 2 倍以上。心音可以诊断胎儿是否存活，但在应用上比触诊困难。

Ⅱ. 阴道检查法

一、实训目的

认识母畜妊娠后阴道内所发生的变化，从而帮助直肠检查法做出准确的妊娠诊断。

二、实训材料与用品

1. **实训材料**：妊娠 3 个月以上的母马及母牛，妊娠 2.5 个月以上的母羊和母猪。

2. **实训器具**：保定架，绳索，鼻捻棒，尾绷带，开腟器，额灯或手电筒，脸盆，肥皂，石蜡油，乙醇棉球，细竹棒（长约 40 cm），消毒棉花，玻片，滴管，蒸馏水石蕊试纸，预先制备的子宫颈黏液抹片，显微镜等。

3. **药品与试剂**：95% 乙醇，吉姆萨染色剂。

三、准备工作

保定母畜置被检母畜于保定架中，将其尾用绷带缠扎于一侧。无保定架时可用绳索或用三角绊保定。

检查用具，如脸盆、镊子、开膣器等，先用清水洗净后，再用火焰消毒，或用消毒液浸泡消毒，用开水或蒸馏水将消毒液冲净。

母畜阴唇及肛门附近先用温水洗净，再用乙醇棉球涂擦。如果需用手臂伸入阴道进行检查时，消毒方法与手术前的消毒方法相同，最后也须用温开水或蒸馏水将残留在臂上的消毒液冲净。

四、检查方法及妊娠时阴道的变化

（一）阴道检查方法

1. 在已经消毒的开膣器前端涂以滑润剂（如石蜡油等），在检查之前须用消毒布覆盖，以免灰尘沾污。

2. 检查者站立于母畜左后侧，右手持开膣器，左手的拇指和示指将阴唇分开，开膣器合拢呈侧向，并使其前端微向上方缓缓送入阴道，待开膣器完全插入阴道，轻轻转动开膣器，使其呈扁平状态，最后压拢两手柄，使开膣器完全张开，再观察阴道及子宫颈的变化。

3. 检查完毕，将开膣器合拢，缓慢地抽出，但需注意不得使开膣器完全闭合，以免夹伤阴道黏膜。

4. 最后应将开膣器再行消毒。

（二）妊娠时阴道黏膜及子宫颈的变化

1. 妊娠母畜的阴道黏膜变为苍白、干燥、无光泽（妊娠末期除外），妊娠后期，阴道变得肥厚。

2. 子宫颈的位置发生改变，向前（随时间而异），而且往往偏向一侧，子宫颈口紧闭，外有浓稠黏液堵塞，在妊娠后期黏液逐渐增加，非常黏稠，唯牛的黏液在妊娠末期变得滑润。

3. 附着于开膣器上之黏液呈条纹状或块状，呈灰白色。马妊娠后期黏液稍带红色，以石蕊试纸检查呈酸性反应。

Ⅲ. 直肠检查法

一、实训目的

掌握家畜在妊娠各月份生殖器官及血管内血流音的变化，从而确定母畜是否妊娠及妊娠日期。

二、实训材料和用品

1. **实训材料**：受检家畜妊娠 1~3 个月、4~5 个月及 6 个月以上的母牛、母马（驴）和妊娠 1 个月左右的母羊、母猪。

2. **实训器具**：器械保定架，多普勒妊娠诊断仪。

三、实训内容

（一）直肠检测方法

1. **牛**：如图 X5-2 所示。

（1）手臂伸入直肠。

（2）伸入直肠抵达骨盆腔中部（一般当手伸入肛门即可），手向下轻压肠壁，即可以触摸到一个坚实的纵向如棒状的子宫颈。

（3）示指、中指、环指分开沿着子宫向前摸索，在子宫体的前面，中指摸到一纵行的凹沟即为子宫角间沟，再同前探摸，示指和环指即可摸到类似圆柱状的两侧子宫角。

（4）沿子宫角的大弯向外侧下行，即可感触到呈扁卵圆形而柔软有弹性的卵巢。

（5）触摸过程中如失去子宫体而摸不到子宫角和卵巢时，最好从子宫颈开始再向前逐渐触摸。

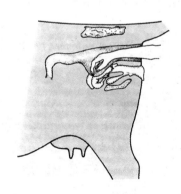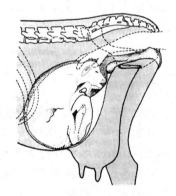

图 X5-2 牛直肠检查

母牛妊娠诊断须注意触摸子宫的以下内容：①子宫角的大小、形状、对称程度、质地、位置及角间沟是否消失。②子宫体、子宫角可否触摸到胎盘及胎盘的大小。③有无漂浮的胎儿及胎儿活动状况。④子宫内液体的性状。⑤子宫动脉的粗细及妊娠脉搏的有无。

2. **马（驴）**

（1）检查者站立于母畜后躯一侧，以涂有润滑剂的手抚摸肛门，然后手指合拢成锥状，缓缓地以旋转的动作插入肛门，随之伸入直肠。

（2）直肠内如有畜粪，应分次少量地掏完。

（3）手指合拢伸入直肠狭窄部前的小结肠内，将手尽可能地向前推进，以期在肠比较活动的部分自由地向各个方向探摸。

（4）寻找卵巢和子宫。

母马（驴）妊娠诊断须注意触摸子宫的以下内容：①子宫角的质地、形状、大小和位置及子宫底的形状。②胚胎的大小和位置。③有无漂浮的胎儿及胎儿的活动情况。④子宫内液体的性状。⑤子宫动脉的粗细及有无妊娠脉搏出现。

（二）妊娠时间的判定

1. 牛

妊娠1个月：孕侧卵巢有发育完善的妊娠黄体并突出于卵巢表面，因而卵巢体积往往较对侧卵巢体积增大1倍。孕侧子宫角稍有增粗，质地变软，特别是子宫体部分较明显。孕侧子宫角无收缩反应或反应微弱；而未孕子宫角收缩反应明显，有弹性，角间沟清楚。

妊娠2个月：由于胎水增加，孕侧子宫角显著增大且向背侧突出，约为空角的一倍。有波动感，用手指按压有弹性。角间沟不甚清楚，但两角分岔处尚能分辨。

妊娠3个月：子宫呈圆胞状，位置下沉，子宫颈已移至耻骨前缘，孕侧子宫角波动明显，有时可以摸到漂浮在子宫腔内如硬块的胎儿，在子宫体附近可以摸到如蚕豆大小的胎盘，子宫动脉增粗。

妊娠4个月：全部子宫增大沉入腹腔底部，触摸不清子宫的轮廓形状，因此直肠检查时也往往不能触及胎儿。子宫壁上可以摸到明显突出的胎盘，孕侧子宫动脉出现妊娠脉搏，感觉有特殊的震颤搏动。

妊娠5个月：子宫壁上的胎盘如算盘珠大，子宫出现的妊娠脉搏十分明显，由于胎儿发育迅速增大，直肠检查时又能清楚地触及胎儿。

妊娠6~7个月：胎儿增大，位置已推移至骨盆腔前，能触及胎儿的各部分并能摸到胎动。两侧子宫动脉均有明显的妊娠脉搏。

2. 马（驴）

妊娠16~17天：两侧子宫角有收缩感，呈圆柱状，质地稍变硬。

妊娠18~20天：两侧子宫角收缩，硬度增大，子宫底部出现凹沟，在孕侧子宫角基部出现柔软、如乒乓球大的突起胚泡。一侧卵巢上有较大的妊娠黄体。

妊娠1个月：两侧子宫角收缩明显呈圆柱状，子宫角基部的胚泡增至如鸡蛋大，子宫底凹沟明显，两侧子宫角形状不对称，孕角变短而空角出现弯曲。

妊娠2个月：胚泡增长速度很快，如双拳大，此时仍可摸到孕角的尖端和全部空角。两侧卵巢均下沉且彼此靠近位于腹部中央。子宫壁薄而软，内有胎水明显。

妊娠3个月：胚泡增长如篮球大，两侧子宫角几乎全部被胚泡所占据，只不过是孕角较大、空角较小，触摸不到全部子宫的形态，卵巢韧带紧张，两个卵巢更向腹腔前方延伸，之间的距离愈加靠近。有时可触及如硬块状的胎儿。

妊娠4~5个月：妊娠子宫下沉入腹腔底部，已触不到整个子宫的轮廓，可以清楚地摸到胎儿，在孕侧子宫动脉增粗，开始出现妊娠脉搏。

Ⅳ. 酶联免疫吸附测定法

一、实训目的

掌握酶联免疫吸附测定激素的原理；了解酶联免疫吸附测定激素浓度的实验过程；掌握乳汁中孕酮浓度检测进行妊娠诊断的实验过程。

二、实训原理

（一）酶联免疫吸附测定原理

酶联免疫吸附测定（enzyme-linked immunosorbent assay，ELISA），是将抗原、抗体间免疫结合反应的特异性和酶高效催化原理结合起来的一种分析技术，其基本过程是首先将抗原（抗体）吸附在固相载体上，加待测抗体（抗原），再加相应酶标记抗体（抗原），生成抗原（抗体）–待测抗体（抗原）–酶标记抗体复合物，洗涤出去多余的酶标记抗体（抗原），最后添加与该酶反应能生成有色产物的底物。显色后用肉眼定性判定结果，或用分光光度计的光吸收值衡量抗体（抗原）的量，获得定量的结果。ELISA可用于测定抗原，也可用于测定抗体。

（二）妊娠诊断原理

奶牛配种后，如果妊娠，则周期性黄体转变成妊娠黄体，孕酮的分泌量增加。在下一个预定的发情周期前后，血液和乳汁中孕酮的含量比未孕牛显著增加。在配种后的 20～25 天：奶牛乳汁中孕酮的含量大于 7 ng/mL 为妊娠，小于 5 ng/mL 为未孕，介于 5.5～7 ng/mL 为可疑。通过孕酮检测，可以进行妊娠诊断。

三、实训材料与用品

1. **实训材料**：配种后 20～25 天奶牛的乳汁，准确诊断的未妊娠奶牛乳汁。
2. **实训器具**：微量加样枪，小烧杯，试管，聚苯乙烯微量细胞培养板（24 孔平板），酶联免疫检测仪（光吸收），恒温箱，冰箱。
3. **药品与试剂**：H_2O_2，H_2SO_4，$NHCO_3$，孕酮梯度稀释液。

四、实训内容

（一）孕酮梯度液的测定与标准曲线的绘制

（1）包被抗原：用包被液将孕酮抗体稀释至 25 μg/mL，然后每孔加 100 μL，37℃温育 1 h 后，4℃冰箱放置 16～18 h 或过夜。

（2）洗涤：倒尽板孔中液体，加满洗涤液，静放 3 min，反复洗涤 3 次，最后将反应板倒置在吸水纸上，使孔中洗涤液洗尽。

（3）加孕酮梯度：取 50 μL 不同质量浓度的孕酮梯度液，加入已包被的微量反应板孔内，其中孕酮质量浓度为 0 ng/mL 的作为稀释液对照。37℃放置 2 h。

（4）洗涤：同（2）中所示。加辣根过氧化物酶标记的孕酮抗体每孔 100 Ul，37℃放置 2 h。

（5）洗涤：同（2）中所示。

（6）加底物：邻苯二胺溶液加 100 μL，室温暗处放置 30 min。

（7）加终止液：每孔 50 μL。

（8）观察的结果：以孕酮质量浓度为 0 的空白对照孔的结果作为校正酶标仪的零点。然后在 492 nm 波长下，测定其他孔的 OD 值。将对应孔的 OD 值填入作业 1 的表格中，并根据该表绘制标准曲线。

（二）乳汁中孕酮浓度的测定

所有步骤同"孕酮梯度液的测定与标准曲线的绘制"，只是将（3）中添加孕酮梯度液换成待测乳汁，空白对照孔添加未知妊娠牛乳汁。

（三）乳汁中孕酮质量浓度的计算

重复测定待测乳汁 3 次，计算平均 OD 值，然后通过标准曲线确定孕酮质量浓度，并判断该待测乳汁是否来自妊娠奶牛。

Ⅴ. 阴道涂片法

一、实训目的

熟悉实施兔、鼠妊娠诊断的常用仪器设备，掌握兔和鼠各种妊娠诊断方法的基本原理和操作要点，加深对诱发排卵、阴道栓形成机制、妊娠生理的理解。

二、实训原理

兔和鼠为诱发排卵动物，在正常公母比例条件下只要交配，便可受胎。因此，通过检查阴道内是否存在精子，便可判断是否发生交配，进而推测是否妊娠。

小鼠在交配后 10~12 h，精液中的腺体分泌物成分在阴道中形成一个明显的白色或黄色栓塞，检查阴道时很容易看到。一般情况下，该栓塞不会自行排泄，是发生交配的标志。因此，可以通过检查是否有阴道栓判断小鼠是否发生交配，进而推测是否妊娠。

三、实训材料与用品

1. **实训材料**：小鼠。

2. **实训器具**：棉棒，载玻片，盖玻片，显微镜，超声波扫描仪。

3. **药品与试剂**：生理盐水，超声波螯合剂。

四、实训内容

1. **阴道涂片检测**

（1）采样：用少量的生理盐水（2~3 滴）冲洗阴道，收集冲洗的液滴。

（2）涂片：涉及以下几个步骤。

① 标记：在已去污并干燥的载玻片上，标记取样日期、个体号。

② 器械准备：备好采集阴道上皮用的小型玻璃吸管，并准备好盛有生理盐水或蒸馏水的烧瓶。

③ 保定：从笼中取出小鼠，左手握住鼠尾，让其爬抓笼盖或铁丝网，以此进行保定。

④ 取样：在玻璃吸管内吸入少量生理盐水或蒸馏水，然后将吸管插入阴道内，冲洗数次，取 1 滴冲洗液置于载玻片上，压上盖玻片备检。

（3）显微镜观察和判断：用显微镜观察到精子，则表明小鼠已经交配成功。

2. **阴道栓检查法**：雌、雄小鼠合笼的次晨检查阴道栓，以左手拇指和示指捏住小鼠尾巴，将其放在鼠笼盖上，当小鼠前爪抓住铁丝时，提起尾巴，轻轻抖掉会阴部的黏着物，其余 3 指轻压其后腰背部，上提尾巴露出阴道口。右手持已消毒的探测棒轻轻触动小鼠阴道口，如有明显的抵触感则表明有阴道栓，已交配成功（一般标记为妊娠 0 天）；如无抵触感，探测棒可无阻力地插入，则为无阴道栓，未交配成功。

VI. 超声波诊断法

一、实训目的

学习掌握利用 SCD-Ⅱ型兽用超声多普勒仪进行牲畜妊娠诊断。

二、实训材料与用品

1. **实训材料**：受检母牛、母猪、母羊。

2. **实训器具**：SCD-Ⅱ型兽用超声多普勒仪。

三、实训内容

（一）牛

1. **受检母牛**：受检母牛保定于六柱栏内。

2. **探查部位和方法**：用开膣器打开阴道，以多普勒妊娠诊断仪长柄探头蘸取耦合剂（如石蜡油）插入阴道内，在距子宫颈阴道约 2 cm 处的阴道穹窿部位，按顺序探查一圈，同时听取或录制多普勒信号音，即妊娠母牛的子宫脉管血流音。

3. **判定标准**：未孕母牛子宫脉管血流音为"呼……呼……"声；妊娠后即变成"阿呼……阿呼……"声和蝉鸣声，其频率与母体脉搏相同。母牛妊娠 30 ~ 40 天后，在阴道穹窿右上方向部位可探到"阿呼"声，部分孕牛在 40 ~ 50 天时出现"阿呼"声之外，还可探到蝉鸣音；50 ~ 70 天时，有一半孕牛可出现蝉鸣音；80 ~ 90 天时，有 2/3 的孕牛可探测到蝉鸣音。

（二）猪

1. **待查姿势**：母猪不需保定，令其安静地呈侧卧状，爬卧或站立状态亦可。

2. **部位**：先须洗刷掉欲探测部位的污泥粪迹，涂抹石蜡油，由母猪下腹部左右胁部前的乳房两侧探查。从最后一对乳房后上方开始，随着妊娠日龄增长逐渐前移，直抵达胸骨后端进行探查，亦可沿着两侧乳房中间的腹白线处探查。

3. **探查方法**：使多普勒妊娠诊断仪的探头紧贴腹壁，对妊娠初期的母猪应将探头朝向耻骨前缘方向或呈 45° 角斜向对侧上方，探头要上、下、前、后移动，并不断地变换探测方向，以便找到胎儿的心音。

4. **判定标准**：母体动脉搏的血流音是呈现有节律的"拍嗒"声或蝉鸣声。其频率与母体心音一致。胎儿心音为有节律的"咚、咚"声或"扑咚"声，其频率在 200 次 /min 左右，胎儿的心音一般要比母体心音快 1 倍多。胎儿的动脉血流音和脐带脉管血流音似高调的蝉鸣声，其频率与胎儿心音相同。胎动音却好似犬吠声，无规律性。母猪在妊娠中期的胎动音最为明显。

（三）羊

1. **待查姿势**：母羊呈自然站立或侧卧姿势。

2. **探查部位**：左右乳房基部外侧的无毛区。

3. **探查方法**：使多普勒妊娠诊断仪的探头紧贴母羊腹壁，探查方法与母猪的方法相同。

4. **判定标准**：妊娠母羊探查时出现有加快的"扑咚"声，其心音频率可参照图 X5-3。

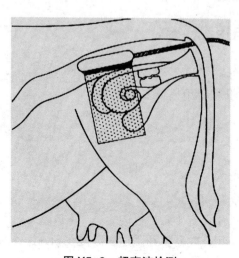

图 X5-3　超声波检测

四、作业

1. 列表比较妊娠诊断的各种外部检查的适用时间、检查部位、检查方法及准确性。
2. 将阴道检查的情况记录于实验报告纸上。
3. 实验中采用的是哪种 ELASA 检测方法？
4. 实验中产生误差的主要环节是哪些？

Ⅶ. 家畜助产及产后护理

一、实训目的

以牛、羊或猪为例，熟悉母畜分娩预兆及分娩过程，掌握各种动物分娩预兆和分娩过程的特点；了解助产的一般方法及基本要领，掌握各种家畜助产特点；掌握新生仔畜产后护理技术，了解各种家畜产后护理特点。

二、实训原理

分娩是哺乳动物胎儿发育成熟后的一种自发性生理活动，受外界环境、母体和胎儿发育等因素的影响。一般认为，胎儿在母体内发育成熟后，胎儿中枢神经系统通过下丘脑可调节腺垂体分泌促肾上腺皮质激素，使肾上腺皮质产生糖皮质激素。糖皮质激素通过胎儿血液循环到达胎盘，使胎盘合成的孕酮转化为雌激素，雌激素的分泌增加可刺激子宫内膜前列腺素的分泌，经子宫静脉与卵巢动脉的吻合支到达卵巢，溶解黄体，使孕酮水平下降，并刺激子宫的收缩。孕酮对子宫肌抑制作用的解除、雌激素水平的急速上升和生理作用的加强以及胎儿对产道的刺激反射性引起神经垂体中催产素的释放等综合因素，共同促发子宫有节律地阵缩和努责，从而发动分娩，排出胎儿。

幼畜出生时由于组织器官尚未完全发育，对外界不良环境抵抗力低，神经系统反应性不足，皮肤保护功能差，体温调节功能弱，消化道容易被细菌感染，所以容易受各种病菌的侵袭而引起疾病，甚至死亡。因此，必须根据上述特性予以重点看护。

三、实训材料与用品

1. **实训材料**：饲养规模上百头的乳牛场、肉牛场、猪场或羊场。
2. **实训器具**：产房内应准备的器械有脸盆、肥皂、毛巾、刷子、细绳、脱脂棉以及镊子、剪刀、注射器、针头、体温表、听诊器、产科绳、助产器、照明设备等。
3. **药品与试剂**：甲酚溶液，70% 乙醇，2%～5% 碘酊，0.1% 苯扎溴铵，催产素，抗生素等。

四、实训内容

（一）分娩预兆的观察

主要从以下几个方面进行观察。

1. **乳房**：在分娩前乳房发育比较迅速，体积增大，临产前乳头也膨起，充满初乳。某些经产母牛产前常有漏乳现象。产前 3 天，母猪中部乳头可挤出清亮胶样液体，产前 1 天，可挤出初乳或出现漏乳现象。母羊临产前乳房迅速增大，稍显红色而发亮，乳头直立，乳静脉血管怒张，手摸有硬肿感。初产母羊在妊娠 3~4 个月时，乳房就慢慢地膨大，到后期更为显著。临产前能挤出黄色初乳。

2. **阴唇**：在分娩前约 1 周，阴唇开始逐渐肿胀、松软、充血。阴唇皮肤上的皱纹逐渐展平。临近分娩的母羊，阴唇肿胀、潮红，阴门容易开张，卧下时更为明显。生殖道流出的黏液变稀而透明，牵缕性增加。

3. **阴道和子宫颈**：阴道黏膜潮红。子宫颈在分娩前 1~2 天开始肿胀、松软，子宫颈内黏液变稀，流入阴道，从阴门可见透明黏液流出。

4. **荐坐韧带**：在临近分娩时开始松弛。在分娩前 1~2 周时开始软化；产前 12~36 h 荐坐韧带后缘变得非常松软，同时荐髂韧带也松弛，荐骨可以活动的范围增大，尾根两侧凹陷，牛、羊尤其明显。母羊在产前 2~3 h，尾根及其胝部两侧肌肉松软有凹陷，行走时可见到颤动。

5. **体温**：母牛临产前体温逐渐升高，在分娩前 7~8 天高达 39~39.5℃，但临产前 12 h 左右，体温可下降 0.4~1.2℃。

6. **外部表现**：临产前母牛表现不安，食欲减退或停食；前肢搂草，常回顾腹部；频频排粪、排尿，但量很少；举尾，起立不安。母猪在产前 6~12 h 常有衔草做窝的表现，尤其是地方品种猪。羊分娩前数小时，精神不安，前肢刨地和起卧频繁，回头望腹，常有离群靠在墙根或安静的地方呆立，目光凝滞，躺卧时两后肢不向腹下曲缩，而是呈伸直状态，经常有排尿姿态，排尿次数增多等现象。

（二）产前的准备工作

要选择清洁、安静、宽敞、通风良好的房舍作为专用产房。产房在使用前要进行清扫消毒，并铺上干燥、清洁、柔软的垫草，准备必需的药品和用具。根据配种记录，一般在预产期前 1~2 周将母畜转入产房。产房 24 h 要有人值班。

（三）助产方法

原则上，对正常分娩的母畜无需助产，让其自然分娩。助产人员的主要职责是监视母畜的分娩情况，发现问题时给母畜必要的辅助和对仔畜进行及时护理。在助产时，操作人员要注意自身的消毒和保护，防止人身伤害和人兽共患病的感染。

助产前，操作人员先将手指甲剪短磨光，手臂用肥皂水洗净，再用甲酚消毒，涂上润滑剂或肥皂水进行助产。助产工作应在严格遵守消毒的原则下，牛、羊、猪助产操作步骤如下（图 X5-4）：

1. 牛

（1）将母牛外阴部、肛门、尾根及后臀部用温水、肥皂洗净擦干，再用1%甲酚溶液消毒母牛肛门、外阴部、尾根周围。助产人员要戴好医用手套。母牛卧下最好是左侧着地，以减少瘤胃对胎儿的压迫。

（2）当母牛开始努责时，如果胎膜已经露出而不能及时产出，应注意检查胎儿的方向、位置和姿势是否正常。正生胎儿只要方向、位置和姿势正常，可以让其自然分娩，若有反常应及时矫正。

（3）当胎儿蹄、嘴、头大部分已经露出阴门仍未破水时，可用手指轻轻撕破羊膜绒毛膜，或自行破水后应及时把鼻腔和口内的黏液擦去，以便呼吸。

（4）胎儿头部通过阴门时，要注意保护阴门和会阴部，尤其当阴门和会阴部过分紧张时，应有一人用两手搂住阴唇，以防止阴门上角或会阴撑破。

（5）如果母牛努责无力，可用手或产科绳缚住胎儿的两前肢掌部，同时用手握住胎儿下颌，随着母牛努责，左右交替使用力量，顺着骨盆产道的方向慢慢拉出胎儿。倒生胎儿应在两后肢伸出后及时拉出，因为当胎儿腹部进入骨盆腔时，脐带可能被压在骨盆底上，如果排出缓慢，胎儿容易窒息死亡。手拉胎儿时，要注意在胎儿的骨盆部通过阴门后，放慢拉出速度，以免引起子宫脱出。

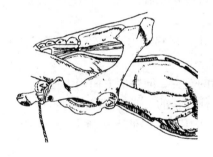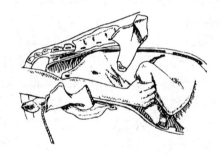

图 X5-4　母牛助产

2. 羊

如果羊水流出后 20~30 min 胎儿仍未产出，或仅露蹄、嘴巴，母羊努责无力，这时就应考虑助产。助产应根据胎势、胎位、胎向、正生、倒生、胎儿死活等情况采用适宜方法。

（1）胎头侧转的助产：胎头侧转表现为从母羊阴门伸出一长一短的两前肢，不见胎头露出。在骨盆前缘或子宫内，可摸到转向一侧的胎头或胎颈，通常是转向前肢伸出较短的一侧。助产时，对于头颈侧转较轻的母羊，用手握住胎唇或眼眶，稍推胎头，然后拉出胎头；对于头颈侧转严重的母羊，可用单绳套拉正胎头。即将术者中间三指套上单绳带入子宫，将绳套套住胎羊下颌拉紧，在推胎儿的同时，拉正胎头。

（2）胎头下弯的助产：胎头下弯表现为在母羊阴门附近可能看到两蹄尖，在骨盆前缘胎头弯于两前肢之间，可摸到下弯的额部、顶部或下弯颈部。对于胎头下弯较轻的母羊，助产时，宜先缚好两前肢，然后手握胎儿下颌向上提并向前后推。也可用拇指向前压头，并用其他四指向后拉下，可拉正胎头。对于胎头下弯较重的母羊，助产时可用手将胎儿往后送入子宫底部，然后用手握住下颌用力拉出胎头，或用产科绳套套住下颌，用手外拉胎头。

（3）胎头后仰的助产：胎头后仰表现为在产道内发现两前肢向前，向后可摸到后仰的颈部的气管轮，再向前可摸到向上的胎头。此时最好使母羊站立，以便矫正。术者手握胎儿鼻端，一面左右摇摆，一面将胎头拉入产道。也可用单绳套套住下颌，在推动胎儿的同时，拉正胎头。

（4）颈扭转的助产：颈扭转表现为在胎羊两前肢入产道，在产道内可摸到下颌向上的胎头，胎儿可能位于两前肢之间或下方。此时将胎头推入子宫，用手扭正胎头，再拉入产道。

（5）前肢姿势不正的助产：前肢姿势不正表现为胎羊一侧腕关节弯曲时，从产道伸出一前肢，而两侧性时，前两肢均不伸入产道，在产道内或骨盆前缘可摸到正常胎头及弯曲腕关节。这种情况下的助产，首先必须提起母羊后肢，使胎儿前移，便于矫正。术者用力将胎儿推至前方，然后握住不正肢的掌部，一边往里推，一边往上抬，再趁势下滑握住羊蹄，在用力向上抬的同时，将羊蹄拉入产道。

（6）后肢姿势不正的助产：胎羊后肢姿势不正的倒生，有跗关节屈曲和髋关节屈曲两种。一侧跗关节屈曲时，从产道伸出一后肢，蹄底向上，产道检查时可摸到尾巴、肛门、臀部及向前伸直的一后肢。助产时，先用力推动胎儿，用手握胫部下端，再用消毒绳拴住胫部下端往后拉，使之变成跗关节屈曲，再按跗关节的助产方法进行。

3. 猪

在接产过程中，如果发现胎衣破裂，羊水流出，母猪用力时间较长，但仔猪又生不下来，可判定为难产，此时应给母猪实施助产。

（1）接产员用手托住母猪后腹部，随同母猪的努责，向臀部方向用力推。

（2）仔猪的头或腿露：出阴门时，可用手抓住仔猪的头或腿慢慢用力拉。

（3）母猪长时间努责，仔猪仍生不下来时，可用手慢慢伸入产道内掏出仔猪；当掏出 1 头仔猪后，转为正产时，就不需再掏。

（4）所有仔猪娩出后，给母猪肌内注射催产素 20 ~ 40 U。

（5）助产时如果产道干燥，可将油类（如液状石蜡）灌入产道后，用手拖出胎儿。

（6）如果产程较长，确诊所有胎儿已死（通过母猪腹壁反复触摸胎儿不动，一般可认为胎儿已死；也可通过产道内检查，确定胎儿是否死亡），则须子宫灌注温盐水、苯甲酸雌二醇或 0.1% 高锰酸钾溶液，以促进死胎和胎衣的排出。

① 温盐水的配制：根据猪体大小用开水约 10 L，加入清洁的食盐配制成 2% ~ 3% 的溶液，待水凉至 38 ~ 40℃时即用。

② 苯甲酸雌二醇灌注液的配制：取其注射液（含苯甲酸雌二醇 15 mg），混于 250 ~ 300 mL 40℃左右的温开水中备用。

③ 0.1% 高锰酸钾溶液灌注液的配制：取高锰酸钾 1 g，用 40℃左右的温开水 1 000 mL 溶解，备用。

④ 灌注方法：将母猪侧卧保定，左侧卧左手操作，右侧卧右手操作。操作时五指并拢，掌心向上，拇指朝母猪背部方向，先伸入产道，达子宫颈时触摸胎儿姿势。若胎儿死亡，先将胎儿推回子宫，然后将输精管慢慢插入子宫内，灌 3 ~ 4 L 上述灌注液到子宫内即可。一般 1 ~ 2 天内死胎儿和胎衣会相继排出。在子宫和腹壁的努责力微弱时，灌注温盐水后可适当注射催产素 30 ~ 50 U，有利于促进胎儿和胎衣的排出。

（四）新生仔畜的护理

1. 基本原则

（1）及时清除黏液：胎儿产出后发生窒息现象时，应及时清除鼻腔和口腔中的黏液，并立即进行人工呼吸，对新生仔猪和羔羊还可倒提起来轻抖，以利于排出吸入的羊水，促进其恢复呼吸。用毛巾、软草把鼻腔内的黏液擦净，然后将仔畜身上的黏液擦干。肉牛和羊产仔时，可由母畜舔干仔畜身上的黏液。

（2）正确断脐：多数仔畜生下来脐带可自然扯断。如果没有扯断，可在距胎儿（牛）腹部 10～12 cm 处涂擦碘酊，然后用消毒的剪刀剪断，在断端上再涂上碘酊。

（3）称重编号：处理脐带后要称初生重、编号，放入保育栏内，注意仔畜保暖。

（4）尽早喂初乳：仔畜出生后，尽早给仔畜吃到初乳。

（5）其他：防止仔畜走失和被母畜压死。

2. 牛、羊、猪新生畜护理措施

（1）牛

犊牛出生后，应注意如下几点：

① 净身、断脐与去脚质块：即用稻草或干净抹布清除犊牛口、鼻黏液，以免影响犊牛的呼吸；在距腹部 4～6 cm 处用消毒的绳子扎紧，再在绳结下方 1～1.5 cm 处剪断脐带，然后用碘酊敷于断端，并用布包扎，以防感染；让母牛舔干犊牛身上的黏液，以利于牛犊呼吸器官功能的提高和肠蠕动，并可加速母牛胎衣的排出；最后，除去脚上的脚质块。

② 饲哺初乳：犊牛出生后 0.5～1 h 饲喂初乳，使其尽早获得母源抗体，以增强犊牛对疾病的抵抗力。体弱的犊牛要人工辅助哺乳，直到会自己吃乳为止。

③ 保暖：冬季出生的犊牛，除了采取护理措施之外，还要搞好防寒保温工作，但不要点柴草生火取暖，以防烟熏使犊牛患肺炎。

④ 清洁卫生：要保持犊牛舍清洁、通风、干燥，牛床、牛栏应定期用 2% 氢氧化钠溶液冲刷且消毒药液也要定期更换品种。褥草应勤换。冬季犊牛舍温度要达到 18～22℃，当温度低于 13℃时，新生犊牛会出现冷应激反应。夏天通风良好，保持舍内清洁、空气新鲜。新生犊牛最好圈养在犊牛舍内。在放入新生犊牛前，犊牛舍必须消毒并空舍 3 周，防止病菌交叉感染，应将下痢犊牛与健康犊牛完全隔离。

⑤ 补硒：犊牛出生当天应补硒。出生肘补硒既促进犊牛健康生长，又防止发生白肌病。肌内注射 0.1% 亚硒酸钠 8～10 mL 或亚硒酸钠、维生素 E 合剂 5～8 mL，出生后 15 天再加补 1 次，最好臀部肌内注射。

⑥ 去掉副乳头：成年乳牛乳房上的副乳头给挤乳、清洗乳房等都带来不方便，也易形成乳腺炎。犊牛生后 1 周内，用剪刀从副乳头基部剪去，涂以碘酊即可。

⑦ 观察粪便的形状、颜色和气味：观察犊牛刚刚排出的粪便，可了解其消化道的状态和饲养管理状况。在哺乳期，犊牛若哺乳量过多则粪便软，呈淡黄色或灰色；黑硬的粪便则可能是由于饮水不足造成的；受凉时，粪便多气泡；患胃肠炎时，粪便混有黏液。正常犊牛粪便呈黄褐色，开吃草后变干并呈盘状。

⑧ 心搏次数和呼吸次数：刚出生的牛心搏加快，一般 120～190 次 /min，以后逐渐减少。哺乳期犊牛 90～110 次 /min。犊牛呼吸次数的正常值为 20～50 次 /min，在寒冷

的条件下呼吸数稍有增加。

⑨ 测体温：一般犊牛的正常体温为38.5～39.5℃。发生感染时，体温升高。当犊牛体温达40℃时，称为微热，40～41℃时称为中热，41～42℃时称为高热。发犊牛异常时应先测体温并间断性多测几次，记下体温变化情况，这有助于对疾病的诊断。一般情况情况下犊牛正常体温是上午偏低、下午偏高，所以在诊断疾病时要加以鉴别。

⑩ 预防犊牛舐癖：犊牛每次吃乳完毕，应将其口鼻擦拭干净以免其自行舐鼻，造成舐癖。有舐癖的犊牛，因舐食被食被毛，易引发炎症。

（2）羊

羔羊出生后，应立即握住其嘴，擦净口腔、鼻、眼内的羊水，并将羔羊移到母羊视线内，让母羊舐羔羊，促进胎衣的脱落，使母羊很快接受羔羊吮乳；初产母羊如不舐羔羊的身体，可以用干草束或干净的纱布擦干羔羊躯体后再做处理。对出生后呈假死状的羔羊应及时摇动羔羊的后腿，动作要快而有力；同时，用手指弹击心脏部位或做人工呼吸，具体方法是使羔羊仰卧，背靠垫草，转换伸屈前肢，轻压胸部，使其恢复正常状态。

在正常情况下，羔羊出生后脐带自行断开。如果不断开，可用消过毒的剪刀距羔羊体表8～10 cm处剪断，再涂以碘酊，也可用碘酊浸泡1 min。一般健康羔羊出生后15～20 min开始起立，有寻找母羊乳头和吸乳的动作，这时应挤去母羊乳房中第一股乳再让羔羊靠近，必要时人工辅助羔羊首次吃乳；羔羊吃初乳有利于排出胎便和促进胃肠蠕动，并能使羔羊体内产生免疫力。当双羔中的弱羔被强羔排挤，造成弱羔羊出生后吃不上初乳，饲养员将手指伸入弱羔羊嘴内感到凉时，应立即给弱羔羊喂些温乳。温乳最好是刚产羔母羊的初乳。如果没有初乳，可采用代替办法暂时救急，用700 g牛乳加1枚鸡蛋、4 mL鱼肝油和15～30 g白糖搅匀，用奶瓶哺乳。

羔羊第一次吃乳之前，用温水洗净母羊乳头及周围，应在产后1.5 h以内让羔羊吃到第1次母乳。由于新生羔一次吮乳量有限，每隔2～3 h应哺乳一次；生双羔的母羊应同时让两羔羊近前吮乳，然后可将母羊关进单间室内，放一桶温水和干草，让母羊安静1.5 h左右，再将羔羊放进去，待母子自行相认哺乳。

羔羊出生后2～4 h，可将其转入一般羊舍，转出前用涂料在母子体侧打上同一编号，单羔编在左侧，双羔编在右侧，以便于查找核实。弱羔可以晚几天转栏，转栏后应注意保温，顶棚不漏风，墙壁无缝隙，最好顺墙铺垫一层垫草，室温一般为4～6℃。羊舍应保持干燥，无过堂风，垫草铺匀。

对失去或找不到母羊的羔羊，可改用牛乳进行人工哺乳。应选择乳脂率高的牛乳，乳温以30℃左右为宜。开始5天内每天喂5次，以后减为3次，20天后每天喂2次。喂量为1～7天200 g，7～15天300 g，15～20天400～700 g，20～30天700～900 g。

新生羔羊体温过低是体弱、死亡的主要原因。羔羊的正常体温是39～40℃，一旦低于36～37℃时，如果不及时采取措施会很快死亡。出现羔羊体温过低的主要原因：一是出生后5 h之内全身未擦干，散热过多；二是出生6 h以后（多数是在12～72 h）吃乳不足，导致饥饿而耗尽体内有限的能量储备，而自身又难以产生需要的热能。护理体温降低的羔羊，要尽快使其体温恢复到37℃，用木箱红外灯距羔羊120 cm进行增温或采取他增温措施。

（3）猪

当仔猪产出后，用双手托起仔猪，立即清除仔猪口中积液，以免窒息，然后先用卫生纸擦干仔猪身上的黏液，以免仔猪受冻，而后断脐带（断脐应在仔猪出生10 min后进行，不宜过早，以免出血多）。断脐时，先将脐带内血液向腹部方向推挤几次，然后在距离仔猪腹部4 cm处，用两手扯断脐带（一般不用剪刀，以免流血过多），断端涂以5%碘酊消毒，完毕将仔猪放入产床的保温箱内。在全窝仔猪生产完毕后，要及时剪掉每头仔猪的尖牙。并在吃初乳前灌服庆大霉素1 mL，以防仔猪下痢。最后用高锰酸钾溶液消毒母猪后躯、外阴部、乳房。

有些初产母猪分娩时，性情暴躁，还会咬死刚产下的仔猪。对此，可将刚产下的仔猪放入护仔筐内，待母猪产下7~8头仔猪以后，再一起放到母猪腹边。此时，接产人员可轻揉母猪的乳房，使之适应授乳，且有利于分娩。必要时，可对母猪肌内注射盐酸氯丙嗪注射液2 mL。

出生后1周龄内的仔猪，每天滴服1次土霉素溶液，对预防下痢很有好处。处方为1 g土霉素粉溶于l00 mL冷开水中，每头每天滴服3 mL。发现仔猪下痢应早治疗，投药途径以口服为好。应当选用肠吸收缓慢的药物，如链霉素、卡那霉素、庆大霉素等。

（五）母畜的护理

1. 擦净母畜外阴部、臀部和后躯黏附的血液、羊水及黏液，并进行认真的消毒。

2. 更换垫草。

3. 及时给母畜饮水并给予易消化的饲料。

4. 注意胎衣排出的时间和排出的胎衣是否完整，如发现胎衣不下或部胎衣滞留的情况，应请兽医做相应处理。母猪的胎衣排出后，应检查是否还有胎儿。

5. 注意观察母畜产后的行为和状态，发现异常情况必须立即采取对应措施。

五、作业

1. 根据实训牧场的生产实际情况和繁殖记录，针对实训畜种，分析实训单位在母畜助产和仔畜产后护理方面的成功经验。提出改进措施，写出实训报告。

2. 思考下列问题

（1）各种母畜临产前外部表现有哪些异同点？

（2）牛、羊和猪分娩过程有哪几个阶段？

（3）简述母畜助产及产后护理的重要意义。

实训六　动物种用场繁殖力调查与评价

一、实训目的

掌握繁殖力的概念和评定繁殖力的指标与方法；了解各型繁殖障碍和家畜的正常繁殖力；理解提高畜群繁殖力的措施。

二、实训原理

1. **畜群的繁殖力**：是综合群体内个体的繁殖力有关指标，以平均数或百分数表示，如总受胎率、繁殖率、平均产仔间隔等。
2. **测定繁殖力的基本方法**：根据以往的繁殖成绩进行统计和比较。
3. **种公畜繁殖力的测定方法**：精液品质评定、配种量、与配母畜的受胎效果。
4. **母畜繁殖力的测定方法**：每次受胎的配种情期数、发情持续期的长度及一次妊娠的配种次数、分娩间隔。

三、实训场地

乳用水牛原种场。

四、实训内容

（一）查阅水牛原种场相关记录

相关记录表格见表 X6-1 和表 X6-2。

表 X6-1　乳用水牛场纯种牛输精登记表

母牛号		品种		出生日期		初情日期		初配日期			初产日期		备注
胎次	发情日期	发情情况		公牛号	输精日期		妊娠检查			犊牛状况			
					第一次	第二次	结果	预产期	实产期	编号	性别	体重	

表 X6-2 乳用水牛原种场摩拉牛生产读卡

犊牛号	性别	出生日期	初生重	母号	父号	3月龄情况

（二）计算牛繁殖力的主要指标

（1）情期受胎率：表示妊娠母畜数与配种情期数的比率。

情期受胎率（％）＝（妊娠母畜数／配种情期数）×100％

（2）第一情期受胎率：表示第1次配种受胎母畜数，占第一情期配种母畜总数的百分率。包括青年母牛第1次配种或经产母牛产后第1次配种后的受胎率。

第一情期受胎率（％）＝（第一情期受胎母畜头数／第一情期配种母畜总数）×100％

（3）总受胎率：年内妊娠母畜数占配种母畜数的百分率。

总受胎率（％）＝（年受胎母畜数／年配种母畜数）×100％

（4）不返情率：指配种后一定时间内未再表现发情的母畜头数占配种母畜总头数的比率。

不返情率（％）＝（配种后未再发情的母畜数／总配种母畜数）×100％

（5）受胎指数：又称配种指数，指每次受胎所需的配种次数。

受胎指数（％）＝（配种总次数／受胎头数）×100％

（6）繁殖率：指本年度内实繁母牛数占应繁母牛数的百分率。

繁殖率（％）＝（年实繁母牛头数／年应繁母牛头数）×100％

＝（本年度内出生仔畜数／上年度终适繁母畜数）×100％

（7）平均胎间距：又称产犊指数、产犊间隔，为两次产犊之间相隔时间，是牛群繁殖力的综合指标。

平均胎间距（％）＝（∑胎间距／n）×100％

其中：n为头数；胎间距为当胎产犊距上胎产犊的间隔天数；∑胎间距为n个胎间距的合计天数。

（8）流产率：指流产的母畜数占受胎母畜数的百分率。

流产率（％）＝（流产母畜头数／受胎母畜头数）×100％

注意：牛应统计妊娠未满7月龄的死胎。

（9）犊牛成活率：指出生后3个月时犊牛成活数占产活犊牛数的百分率。

犊牛成活率（％）＝（生后3个月犊牛成活数／总产活犊牛数）×100％

（三）评价

计算牛场的繁殖力指标（表X6-3），与正常繁殖力指标做比对，综合评价该牛场的繁殖力。

表 X6-3 牛的正常繁殖力指标

情期受胎率	总受胎率	年繁殖率	第一情胎率	产仔间隔	双胎率
40%~60%	75%~90%	60%~85%	45%~65%	12~18个月	3%~4%

五、作业

1. 计算水牛原种场总受胎率。
2. 计算犊牛成活率。

实训七　动物繁殖疾病诊断与治疗

一、猪的常见繁殖疾病诊断与治疗

（一）卵巢囊肿

1. **病因**：本病是卵巢卵泡上皮细胞变性、增殖，卵细胞死亡，使卵泡发育中断，而卵泡液未被吸收所致。

2. **诊断要点**：病母猪多肥壮，性欲亢进，频繁发情，外阴充血、肿胀，常流出大量透明黏液分泌物，但屡配不孕。直检触摸卵巢体积增大，有大的卵巢卵泡，压无疼痛反应，质硬。猪的卵巢囊肿主要是形成黄体囊肿，是由未排卵的卵泡壁上皮细胞黄体化而形成，所以又称黄体化囊肿；另外，还有多泡性小型囊肿、单泡性囊肿。

3. **防治方案**：肌内注射绒毛膜促性腺激素 500～1 000 U，每周 2～3 次。肌内注射促黄体激素（黄体生成素、间质细胞刺激素，LH，ICSH）100～200 U。如果效果不佳时，可再注射 1 次。肌内注射黄体酮 50～100 mL，每日或隔日 1 次，连用 5～7 次。同时可补喂碘化钾 150 mg/d。肌内注射地塞米松 5～15 mg/次，隔日 1 次，连用 3 天。

（二）持久黄体

1. **病因**：本病是指在性周期排卵后或分娩后形成的黄体，性周期黄体或妊娠黄体持续存在卵巢内，使卵泡不能正常发育致母猪不发情的病态。

2. **诊断要点**：成年母猪表现周期停止而不发情，有的发情但多次授精不孕。母猪外阴皱缩，阴道黏膜苍白也没有分泌物流出。直肠检查，卵巢比正常的稍大而硬实。调查病因多因子宫炎、子宫蓄脓，或子宫胎儿干尸化等所致。

3. **防治方案**：若患有子宫炎或子宫积脓，应先肌内注射苯甲酸雌二醇注射液 5～15 mL，第 2 天再肌内注射催产素 10～50 U，或者用其他方法治好子宫炎后，再应用前列腺素水针 5～10 mL，用时以适量的生理盐水稀释后肌内注射或子宫内注入，每天 1 次，连用 2 天。肌内注射乙烯雌酚注射液 10～20 mL，每天 1 次，连用 3 天。肌内注射前列腺素水针 3～5 mL，经 3～5 天治疗阴部呈现肿胀时，再肌内注射 PMSG 600～1 000 U，大多在注射后 3～5 天内发情，母猪产后 1～2 天内，肌内注射 2 mL 律胎素，加速黄体溶解，防治"三联症"（子宫炎、乳房炎及少乳症）。

（三）不发情

1. **病因**：本病是指青年母猪 6～8 月龄或经产母猪断奶 15 天后仍不发情，其卵巢处于静止状态，非病理性的无周期活动的生理现象。

2. **诊断要点**：母猪是常年发情的家畜，发情周期平均为 21 天（18～24 天也属正常范围），发情持续时间为 2～3 天，以接受爬跨作为发情判定标准。发情征兆还有急躁不安，爬跨其他母猪，食欲下降，咬栏圈，外阴部红肿以及流出水样黏液等表现。

3. **防治方案**：①乏情原因：常见由于品种、公猪的刺激、季节、天气、哺乳时间、哺乳头数、膘情、营养和管理等因素，尤其对哺乳母猪的饲养管理特别重要，如常见营养差、瘦弱或营养水平太高造成过肥。②防治措施：对青年母猪初情期延迟，采用将其转移到其他圈舍，增加与公猪的接触，增大其生存空间或喂些青绿饲料，还可一次皮下或肌内注射孕马血清 10～20 mL 或 PMSG（孕马血清促性腺激素）生物制剂 400～600 U，诱导发情或排卵。另外，也可静脉或肌内注射 HCG（绒毛膜促性腺激素）300～500 U。对断奶母猪皮下或肌内注射孕马血清或全血 15～25 mL 或肌内注射 PMSG 制剂 1 000～1 500 U，也可静脉或肌内注射 HCG 500～1 000 U，间隔 1～2 天重复注射一次。静脉或肌内注射 FSH（促卵泡激素）100～300 U，隔离 1 次，一般 3～4 次，不仅促进乏情母猪排卵，并且有提高受胎率、产仔率的作用。肌内注射三合激素注射液 3～5 mL，间隔 2 天重复一次。

（四）猪繁殖呼吸系统综合征（蓝耳病）

1. **病因**：该病是由繁殖呼吸系统综合征病毒引起的一种母猪以流产、死胎、胎儿木乃伊化和呼吸困难为特征的传染性（图 X7-1）。

2. **诊断要点**：①猪是唯一易感动物。②此病传播速度，主要经呼吸道、空气、接触传播，怀孕母猪对胎儿可垂直传播。③妊娠 100 天后，突发厌食，部分病猪体温升高，呼吸困难，仅少数病猪耳尖、耳边呈蓝紫色。④急性感染时，大批母猪在 100～110 天发生流产或早产，呈木乃伊胎、死胎、产病弱仔猪。早产分娩不顺，母乳减少。⑤病后恢复的母猪，发情周期明显延长，但多可受孕。

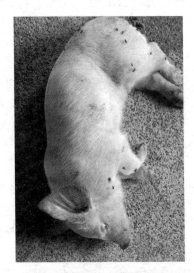

图 X7-1　猪繁殖呼吸系统综合征（蓝耳病）

3. **防治措施**：①采取综合性的防制措施，消毒、处理病死猪。②调整日粮，提高矿物质质量：Fe、Ca、Zn、Se、Mn 等增加 5%～10%，提高维生素质量：维生素 E 增加 100%，生物素增加 50%，其他维生素增加 5%～10%。平衡好氨基酸。③母猪临产前 20 天，每头喂给阿司匹林 8 g，每 3 天给 1 次，至分娩，以减少流产。④认真做好各种疾病的免疫工作，可以有效预防该病感染。⑤净化环境，提高免疫力。

（五）猪瘟（非典型猪瘟）

1. **病因**：该病是由猪瘟病毒引起的高度传染性疾病，多因预防接种不及时、不正确，引起母猪流产、早产。

2. **诊断要点**：①妊娠母猪被 HCV 感染后，多数无临床症状，但不停地排毒，可垂直感染下一代。②母猪流产、早产。③按时分娩的母猪，死胎、木乃伊胎、弱仔占较大比例。④所产仔猪肉眼观察正常，随着日龄增大，逐渐发病，HC 症状不典型，药物治疗无效，病死率可达 90%。⑤经 HC 疫苗接种，免疫应答差，用 SPA-ELISA 检测，抗体水平低。⑥用 Doc-ELISA 或兔体交互免疫实验，证明 HC 抗原存在，且排毒。

3. **防治措施**：①建立良好的环境、卫生和消毒措施，提高猪体的健康水平，降低应激状态。②禁止对妊娠后期母猪用弱毒活疫苗免疫。③制定合理的免疫程序。④严格执行操作规程，免疫剂量合适。⑤推广超前免疫。

（六）猪伪狂犬病

1. **病因和诊断要点**：可从伤口感染，一般呈地方流行病，多发于冬春两季。成猪呈隐性感染，以死胎为主，或产弱仔 2 日龄开始发病，3~5 天内达死亡高峰。哺乳仔猪出现发热和神经症状，多数于局部皮肤呈现持续性剧烈瘙痒，且日龄越小，发病率和病死率越高，断奶后仔猪发病少。公猪睾丸肿胀或萎缩，丧失性欲（图 X7-2）。

图 X7-2　猪伪狂犬病（犬坐姿势）

2. **防治措施**：①预防：除做好卫生消毒工作外，引进种猪要隔离检疫 1 个月，并采血送实验室检查；种母猪也应每 3 个月采血检查 1 次，除发病猪予以扑杀外，其余一律注射疫苗。在污染不严重地区，建议用灭活苗，配种前免疫 1 次，间隔 4~6 周加强免疫 1 次，断奶后仔猪免疫 1 次。②治疗：病猪出现神经症状之前，注射高免血清或病愈猪血液，有一定疗效，但是耐过猪长期携带病毒，应继续隔离饲养。

（七）猪细小病毒病

1. **诊断要点**：本病多发于初产母猪，一般呈地方流行性或散发，通常无明显症状。妊娠早期感染，胚胎 80%~100% 因死亡而被吸收，使母猪不孕或不规则地反复发情；在妊娠 30~50 天感染，主要产木乃伊胎；妊娠 50~60 天，多出现死产；60~70 天感染以流产为主；70 天以后感染可正常生产，但胎儿发育障碍，生长不良。

2. **预防**：初产母猪妊娠前 1~2 个月接种灭活苗，但免疫时须达 5 月龄，防母源抗体干扰免疫效果。

（八）日本乙型脑炎

1. **诊断要点**：7—9 月份因蚊虫传播散发，感染猪多为 6 月龄左右，初期有传染性，多数不显症状，特征性病变是脑和脊髓充血、出血和水肿。母猪多在妊娠后期发生流产，多为死胎和木乃伊胎，流产前有发热症状。公猪也有体温升高，一侧或两侧睾丸明显肿大。

2. **防治措施**：①预防：做好灭蚊工作，每年 4 月份给 5 月龄以上的种猪接种弱毒苗。②治疗：抗生素或磺胺类药物防止继发感染，如用 20% 的磺胺嘧啶液 5~10 mL 静脉注射。

（九）布鲁氏菌病

1. 诊断要点：最明显的症状是多在妊娠第 4 ~ 12 周流产，也有在妊娠第 2 ~ 3 周出现流产。胎衣绒毛膜充血、出血和水肿。胎儿死亡久的可见干尸化。公猪常见睾丸和附睾炎，全身发热。

2. 预防：①引进种猪要严格检疫，血清阴性猪经 2 个月隔离饲养后，再经检疫确认阴性，才能混群饲养，以后定期检疫。②疫区可用猪布鲁氏菌 2 号弱毒苗免疫。

（十）母猪子宫内膜炎

1. 病因：母猪人工授精配种不规范，消毒不严格；公猪直配造成的外源性感染；流产、死胎、木乃伊胎在子宫内腐败产生大量细菌及内毒素；产床卫生条件差，助产消毒不严格，产道损伤，助产不彻底，胎衣不下等。母猪子宫内膜炎主要由上述途径感染了细菌、病毒等引起，防治难度大。

2. 诊断要点

（1）急性子宫内膜炎：母猪体温升高，食欲下降或废绝，鼻镜干燥，尿频，弓背，努责常并发 MMA（子宫炎、乳房炎、无乳综合征）。阴道中流出带有腥臭味的灰白色或红褐色的黏液或脓性分泌物。

（2）慢性子宫内膜炎：母猪全身症状不明显，体温可能有时会略有升高，泌乳性能下降。慢性子宫内膜炎往往由于急性时治疗不及时转变而来，母猪躺卧时常排出脓性分泌物，阴门及尾根上常黏附黄色脓性分泌物。有些母猪断奶后常常不排出分泌物，采食、体温、行动等都正常，在发情、配种时或配种后，排出大量黄色或灰白色较黏稠的脓液。

3. 防治措施

（1）预防：①根据实际情况做好公、母猪免疫，主要是流行性乙型脑炎、细小病毒、猪瘟、伪狂犬病、蓝耳病等传染性繁殖障碍性疾病的免疫。②母猪分娩及配种前后各 1 周可选用支原净、金霉素、阿莫西林等抗菌药，加上黄芪多糖粉剂或鱼腥草粉剂添加到饲料中防止子宫炎的发生。在母猪产出第 2 头仔猪时可用 2% 的葡萄糖氯化钠 1 500 mL 加适量抗生素静脉滴注，在最后 100 mL 时加入 40 U 的缩宫素。③加强配种舍、分娩舍清洁卫生和消毒工作。在母猪产前、产后用消毒药对母猪阴部、乳房每天进行消毒。

（2）治疗：急性子宫内膜炎的治疗：①当发生全身症状患猪体温升高时，可用阿莫西林、头孢拉定配合链霉素、安乃近、地塞米松、维生素 C、碳酸氢钠、0.9% 生理盐水静脉注射，待症状好转后进行子宫清洗。②子宫清洗：可选用 5% 聚维酮碘、3% 过氧化氢等 500 ~ 1 000 mL 用灌肠器或一次性输精器反复冲洗，以清除滞留在子宫内的炎性分泌物，每天冲洗 1 次，连续 3 天。③子宫内投药：可选用青霉素、链霉素、林可霉素、新霉素等药物溶于 90 mL 的 0.9% 生理盐水 +10 mL 碳酸氢钠及 40 U 缩宫素混合液中，进行一次性子宫给药，每天 1 次，连用 3 ~ 5 天，不见好转者淘汰。慢性子宫内膜炎的治疗同急性。

二、牛的常见繁殖疾病诊断与治疗

（一）卵巢静止

1. 病因：母牛由于围生期饲养管理不当，过早催乳，造成营养失调、消瘦，并可较多出现卵巢静止。

2. 诊断要点：①母牛长期不发情，直肠检查卵巢比较小，无卵泡和黄体，表面光滑，较软。②子宫收缩差，子宫体积小。③母牛体况瘦弱，毛粗乱，无光泽。

3. 防治措施

（1）预防：加强饲养管理，增加营养，对肢蹄病、子宫内膜炎等疾病应及时彻底治疗，减少应激因素的影响。

（2）治疗：①促排卵素 3 号（LRH–A3）200 ~ 400 μg，肌内注射，或黄体酮 200 mg+维生素 E 100 mg，肌内注射。用药 17 天后，进行直肠检查，卵巢无明显变化，再用药 1 次，待发情后配种。②促性腺激素（FSH）100 ~ 200 U，肌内注射，出现发情，有卵泡发育时可再注射 LH100 U。③孕马血清（PMSG）10 ~ 40 mL，肌内注射，隔日 1 次，2 次为 1 个疗程。以上治疗时可结合直肠按摩子宫颈、子宫等，每次 15 ~ 30 min，连用 4 ~ 5 次。

（二）卵巢囊肿

1. 病因：卵巢囊肿是母牛发情异常和不育的重要病因（图 X7–3）。卵巢囊肿分为卵泡囊肿、黄体囊肿和囊肿性黄体三种。前两种为异常，后者为正常，是卵泡排卵后黄体形成初期的现象，由于黄体化不足，黄体中心出现充满液体的腔而形成，随后会逐渐被黄体组织所填满，对发情周期未见有影响。

引起卵巢囊肿的原因很多，但其发生的机制还不清楚，有关因素有：①泌乳因素：奶牛多发，尤其是舍饲的高产奶牛，在泌乳高峰期间。②遗传因素：某些品种牛发病率

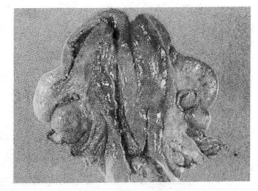

图 X7–3 两侧性卵巢囊肿牛生殖器官

高，如黑白花奶牛。③营养因素：长期营养缺乏，卵巢上出现多个小卵泡囊肿，同时伴发子宫壁黏膜层高度水肿，母牛久发情。

另外，冬季饲养中缺乏维生素 A 或含有多种雌激素，围生期应激和疾病（双胎分娩、胎衣不下、子宫炎和产后瘫痪等），内分泌活动均与本病有密切关系。

2. 诊断要点：牛卵巢囊肿一般发生于产后 60 天以内，以 15 ~ 40 天为多，也有在产后 120 天发生的。外部表现基本上有三类：长期发情、发情不规律和乏情。表现慕雄狂的只有 20%，产后 60 天前发生的母牛 85% 表现为乏情；产后 60 天后发情，则表现慕雄狂的比例增加。直肠检查，母牛卵巢增大，囊肿部分呈圆形突出于卵巢表面，触之光滑，没有排卵突起或痕迹。单个卵巢体积大于正常排卵卵泡，直径通常在

2.5 cm。囊肿壁厚薄有差异，但都坚韧，压之不易破裂。根据表面有无排卵突起或痕迹，可以与囊肿性黄体作鉴别，但卵泡囊肿和黄体囊肿很难区别。卵泡囊肿患牛血浆孕酮浓度低，黄体囊肿患牛血浆孕酮浓度高，此法临床难以推广。卵巢囊肿牛的子宫角往往肿大、壁厚，张力差，收缩反应很弱。如果伴发子宫积液，触之有波动感。B超可对卵巢进行断面扫描，可以测定囊肿的数目和大小，区别卵泡囊肿、黄体囊肿和囊肿性黄体。

3. 防治

（1）绒毛膜促性腺激素（HCG）5 000 ~ 10 000 U，静脉注射，肌内注射时剂量加倍。

（2）促黄体素（LH）200 U，肌内注射，隔天 1 次，连用 2 ~ 3 次。

（3）促性腺释放激素（LRH–A2）150 ~ 180 μg，肌内注射，隔 3 天 1 次，连用 2 ~ 3 次。

（4）卵泡囊肿穿刺，在抽出卵泡液后，用 HCG 500 U、地塞米松 10 ~ 20 mg、青霉素 80 万 U 混合溶液注入到卵巢泡腔内。

（5）孕酮 50 ~ 100 mg，肌内注射，注射 2 ~ 3 次，母牛发情症状消失，经 10 ~ 20 天恢复发情周期，有效率达 60% ~ 70%。对阴性型可采用肌内注射黄体酮 100 ~ 150 mg 和维生素 A 10 mg，每天 1 次，5 天 1 个疗程，连续 2 个疗程，治愈率可达 90% 以上。对显性型采用黄体酮、维生素 A、维生素 D 和 HCG 2 000 U 交替肌内注射，6 天为 1 个疗程，1 ~ 3 个疗程，治愈率可达 80%。以上用药的同时应配合子宫净化处理，必要时还须调整日粮结构。

（三）持久黄体

1. 病因：母牛发情后 21 ~ 30 天，黄体不消退，母牛不发情，间情期一直持续下去，这种黄体称持久黄体。其病因是对母牛的饲养管理不当，产后泌乳量偏高，缺少光照、运动，致使脑腺垂体分泌促卵泡素不足。

2. 诊断要点：性周期停止，阴门收缩呈三角形，有皱纹。阴道内壁黏膜苍白、干涩。母牛神态安静。直肠检查卵巢质地硬，有肉质感，有突出表面的蘑菇状黄体或姜形黄体，也有如火山口样。子宫角不对称，松软下垂，收缩无力。

3. 防治：①前列腺素 4 mg，肌内注射。②氯前列烯醇 0.2 ~ 0.4 mg，肌内注射。③孕马血清 20 ~ 40 mL，肌内注射，隔日 1 次，2 次为 1 个疗程。

以上治疗应结合子宫颈、子宫体、卵巢的按摩，方法同卵巢静止。并改善饲养管理。

（四）排卵延迟及不排卵

1. 病因：排卵延迟及不排卵，严格说来应属于卵巢功能不全。前者是排卵时间向后拖延；后者是指在发情时有发情的外表症状，但不出现排卵。此病多见于发情季节的初期及末期。病因主要是垂体分泌 LH 不足，激素的作用不平衡，是造成排卵延迟及不排卵的主要原因。气温过低或变化异常、营养不良、利用过度，均可造成排卵延迟及不排卵。

2. 诊断要点：排卵延迟时，卵泡的发育和外表发情症状都与正常发情一样，但发情的持续期延长，可长达 3 ~ 5 天或更长。卵巢囊肿的最初阶段与排卵延迟的卵泡极其相似，应根据发情的持续时间，卵泡的形状、大小以及间隔一定的时间重复检查的结果慎重鉴别。

3. **防治**：对排卵延迟的病牛，除改进饲养管理条件，注意防止气温的影响之外，应用激素治疗，通常可以收到良好效果。

发现牛有发情症状时，立即注射 LH 200～300 U 或孕酮 50～100 mg，可以促进排卵，对于确知由于排卵延迟而屡配不孕的母牛，发情早期应注射雌激素，晚期注射孕酮，也可得到良好效果。

（五）奶牛子宫内膜炎

1. **病因**：奶牛子宫内膜炎是由病原微生物感染引起的，包括细菌、真菌、支原体及其他一些病原微生物。且奶牛子宫内膜炎的病原有一定区域性，不同地区和不同情况下引起奶牛子宫内膜炎的细菌种类和各种细菌所占的比例也不同。另外，其他一些因素如日粮中微量元素缺乏、矿物质比例失调，导致奶牛的抗病力降低，也容易发生此病。还有一些外在因素，如管理不科学，产房卫生条件差，奶牛引产、助产不当，产后恶露蓄积，配种操作不当等，都可导致病原菌引入从而引起子宫内膜炎。

2. **诊断要点**：根据病理过程和炎症性质可分为急性黏液脓性子宫内膜炎、急性纤维蛋白性子宫内膜炎、慢性卡他性子宫内膜炎、慢性脓性子宫内膜炎和隐形子宫内膜炎。通常在产后 1 周内发病，轻者无全身症状，发情正常，但不能受孕；严重的伴有全身症状，如体温升高，呼吸加快，精神沉郁，食欲下降，反刍减少等。患牛拱腰、举尾，有时努责，不时从阴道流出大量污浊或棕黄色黏液脓性分泌物，有腥臭味，内含絮状物或胎衣碎片，常附着尾根，形成干痂。直肠检查，子宫角变粗，子宫壁增厚。若子宫内蓄积渗出物时，触之有波动感。

3. **防治**

（1）中医治疗：用中药灌注冲洗子宫，先用硼砂 3 g 溶于 100 mL 盐水中冲洗，待回流液排出后再注入党规散液（当归 10 g，川芎 10 g，赤、白芍各 5 g，黄芩 10 g，白术 5 g，加水 300 mL 煎汤，滤纸过滤）100～150 mL，隔日 1 次，连用 2～3 次。或服用中药方剂：芡实、补骨脂、覆盆子、葫芦巴各 35 g，韭菜子、五味子各 32 g，肉苁蓉、茯苓、沙苑子、蛇床子、阳起石、淫羊藿、远志各 30 g，小茴香 24 g，肉桂 20 g。共研细末，用开水冲调，候温灌服，每日 1 剂，连服 3～4 天。

（2）西药治疗：主要是应用抗菌消炎的药物，对症消除炎症，防止感染进一步扩散，清除子宫内渗出物，并促进子宫收缩。①全身性给药：使用大剂量的抗菌药物，同时要注意补液和强心，如体温过高，则要配合镇定解热药物。②子宫清洗和灌注：使用 0.9% 生理盐水、2% 碳酸氢钠溶液、0.5% 依沙吖啶溶液、0.1% 高锰酸钾溶液，反复冲洗子宫 2～3 次后，将清洗液全部导出，隔日再冲洗 1 次。

（六）胎衣不下

奶牛胎衣不下是指奶牛产犊后 12 h 以上还未能正常排出胎衣，若不及时治疗往往对奶牛以后的发情、配种、怀孕造成不良的影响。

1. **病因**：造成奶牛胎衣不下的原因很多，在日粮中缺乏钙盐等各种矿物质及维生素和其他微量元素是营养方面的原因；而在日常饲养过程中，由于饲养管理不善，导致奶牛过肥或过瘦，产道狭窄，或者奶牛阵缩无力易导致胎衣不下，另外，奶牛长期舍饲，妊娠后期缺乏适当运动和光照，或者产前疲劳过度也易导致奶牛胎衣不下。

2. 诊断要点： 胎衣不下分为部分胎衣不下和全部不下。部分胎衣不下的病牛一部分土红色的胎衣垂挂于阴门外，上面有脐带血管断端和大大小小的子叶，大多数胎衣滞留在子宫体内。全部胎衣不下不多，是全部胎衣停留在子宫和阴道内，仅少量胎膜悬垂于阴门外，或看不见胎衣。胎衣不下初期一般没有全身症状，1~2天后，胎衣开始腐败分解，从阴道内排出污浊并混有胎衣碎片的恶臭液体，患牛持续出现体温升高，精神沉郁，食欲减退，泌乳量下降，弓腰、努责、腹痛不安等症状。

3. 防治

（1）中医治疗：采用中药治疗，灌服中药加味生化汤：当归90 g、川芎69 g、益母草150 g、党参60 g、黄芪60 g、桃仁30 g、红花25 g、白术60 g、山楂60 g、炙甘草15 g，用水煎服。

（2）西医治疗：可在产后12 h内用垂体后叶素50~100 U进行皮下或肌内注射，2~4 h后再注射1次。或取土霉素2 g加10%生理盐水500 mL溶解温热后注入子宫，使胎盘缩小，促进胎衣排出。

如果在24 h之后胎衣仍然不下，就应采取手术剥离。在手术前1~2 h向子宫内灌注10%的氯化钠溶液1 000~2 000 mL，可促进胎儿胎盘和母体胎盘联系松弛，易于剥离。如果胎盘腐败，可用虹吸管将子宫内腐败液体排出，再用0.1%的苯扎溴铵溶液冲洗子宫，随后投入抗菌药物，连续2~3天，防治感染。

三、羊的常见繁殖疾病诊断与治疗

（一）羊难产

羊难产是指羊在分娩过程中发生困难，不能将胎儿顺利地由阴道排出来。

1. 病因： 母羊发育未全，提早配种，骨盆和产道狭窄，加之胎儿过大，不能顺利产出；营养失调，营养不良，运动不足，体质虚弱，老龄或患有全身性疾病的母羊，引起子宫及腹壁收缩微弱及努责无力，胎儿难以产出；胎位不正，羊水破裂过早，使胎儿不能产出，成为难产。

2. 诊断要点： 孕羊发生阵痛，起卧不安，时有拱腰努责，回头顾腹，阴门肿胀，从阴门流出黄色浆液，有时露出部分胎衣，有时可见胎儿蹄或头，但胎儿长时间不能产出。

3. 预防： ①不要在母羊成熟前进行配种，尤其是公、母混群放牧的羊群更应注意。②加强妊娠母羊的管理，如母羊营养不良或瘦弱，则容易发生难产及其他疾病。③分娩前要做好接羔助产的各项准备工作，分娩时要有专人负责，发现分娩过程有异样要及时助产。

4. 治疗： 羊发病后应及时采取助产方法进行治疗。①保定及消毒：一般使母羊侧卧保定。助产器械浸泡消毒，术者、助手的手及母羊的外阴处，均要彻底清洗消毒。②胎儿、胎位检查：将手伸入阴道内检查胎儿的姿势胎位是否正常，胎儿是否死亡。若胎儿有吸吮动作、心搏或四肢有收缩活动，表示胎儿仍存活。③助产方法：按不同的异常产位将其矫正，然后将胎儿拉出产道。多胎母羊，应将全部胎儿助产完毕，方可将母羊归群。对于阵缩及努责微弱者，可皮下注射垂体后叶素、麦角碱注射液 $1 \sim 2$ mL。麦角制剂只限于子宫颈完全张开，胎势、胎位及胎向正常时方可使用。对于子宫颈扩张不全或子宫颈闭锁，胎儿不能产出或骨骼变形，致使骨盆腔狭窄，胎儿不能正常通过产道者，可进行剖宫产急救胎儿，以保母羊安全。

（二）羊流产

羊流产是指母羊妊娠中断或胎儿不足月就排出子宫而死亡。流产分小产、流产、早产。

1. **病因**：传染性流产，多见于布鲁氏菌病、弯杆菌病、毛滴虫病。非传染性流产，可见于子宫畸形、胎盘坏死、胎膜炎和羊水增多症等；内科病，如肺炎、肾炎、有毒植物中毒、食盐中毒、农药中毒；营养代谢障碍，如无机盐缺乏、微量元素不足或过剩，维生素 A、维生素 E 不足等，饲料冰冻和发霉等；外科病，如外伤、败血症，以及运输拥挤等也可致流产。

2. **诊断要点**：突然发生流产者，产前一般无特征性表现。发病缓慢者，表现为精神不佳，食欲停止，腹痛起卧，努责呻叫，阴户流出羊水，待胎儿排出后稍为安静。若在同一群中病因相同，则陆续出现流产，直至受害母羊流产完毕，方能稳定下来。外伤性致病结果，可使羊发生隐性流产，即胎儿不排出体外，自行溶解，形成胎骨残留于子宫。由于受外伤程度的不同，受伤的胎儿常因胎膜出血、剥离，于数小时或数天排出体外。

3. **防治**：对于排出的不足月胎儿或死亡胎儿，不需要进行特殊处理，仅对母羊进行护理。对有流产先兆的母羊，可用黄体酮注射液（含 15 mg），一次肌内注射。死胎滞留时，应采用引产或助产措施。胎儿死亡，子宫颈未开时，应先肌内注射雌激素，如乙烯雌酚或苯甲酸雌二醇 $2 \sim 3$ mg，使子宫颈张开，然后从产道拉出胎儿。母羊出现全身症状时，应对症治疗。

（三）羊胎衣不下

羊胎衣不下是指孕羊产后 $4 \sim 6$ h，胎衣仍排不下来的疾病。

1. **病因**：本病的发生主要是母羊妊娠后期运动不足；饲料单一、品质差，缺少矿物质、维生素、微量元素等；母羊瘦弱或胎儿过大，难产和助产过程中的错误，都可以引起子宫收缩弛缓，收缩乏力，而发生胎衣不下。

2. **诊断要点**：病羊常表现拱背努责，食欲减少或消失，精神较差，喜卧地；体温升高；呼吸及脉搏增快。胎衣久久滞留不下，可发生腐败，从阴门流出污红色腐败恶臭的恶露，其中杂有灰白色未腐败的胎衣碎片或脉管。当全部胎衣不下时，部分胎衣从阴户中垂露于后肢跗关节部。

3. **预防**

（1）加强妊娠母羊的饲养管理，注意日粮中钙、磷、维生素 A 和维生素 D 的补充，产后 5 天内不要过多饲喂精料，增加光照。

（2）舍饲羊要适当增加运动，积极做好布鲁氏菌的防治工作。

（3）注意保持圈舍和产房的清洁卫生，临产前后，对阴门及周围进行消毒；分娩时，保持环境清洁和安静，分娩后让母羊舔干羔羊身上的液体，尽早让羔羊吮乳或人工挤奶，以防止和减少胎衣不下的发生。

4. 治疗：病羊分娩后不超过 24 h 的，可应用垂体后叶素注射液、催产素注射液或麦角碱注射液 0.8 ~ 1 mL，1 次肌内注射。用药已达 48 ~ 72 h 而不奏效者，应立即手术治疗。先保定好病羊，按常规程序做好准备及消毒。术者一手握住病羊阴门外的胎衣，稍向外牵拉，另一手沿胎衣表面伸入子宫，可用示指和中指夹住胎盘周围绒毛，以拇指剥离开母子胎盘相互结合的周围边缘，剥离半周后，手向右手背侧翻转以扭转绒毛膜，使其从小窝中拔出，与母体胎盘分离。子宫角尖端难以剥离，常借子宫角的反射收缩而上升，再行剥离。最后宫内灌注抗生素或防腐消毒药液，如土霉素 2 g，溶于 100 mL 生理盐水中，注入子宫腔内，或注入 0.2% 的普鲁卡因溶液 30 ~ 50 mL。若不借助手术剥离，而辅以防腐消毒药或抗生素，让胎膜自溶排出，可达到自行剥离的目的。可于子宫内投放土霉素（0.5 g）胶囊，效果较好。

（四）羊子宫脱出

因光照、气候等因素影响，多为秋配春繁，而此时正是枯草季节，多数母羊以玉米秸等为饲料，膘情较差，尤以老龄且怀羔较多的母羊更为突出，分娩前后除表现产羔无力、难产、生产瘫痪等疾病外，常见子宫全脱（图 X7-4）。

1. 病因：母羊妊娠期间由于饲料及运动不足，饲养管理不良，体质虚弱，以及经产老龄羊阴道及子宫周围组织过度松弛，因而易发生子宫脱出；胎儿过大及双胎妊娠，可引起子宫韧带过度伸张和弛缓，产后也易产生子宫脱出；产道干燥，助产努责剧烈时，抽出胎儿过猛，则易引起子宫脱出；便秘、腹泻，子宫内灌注刺激性药物，努责频繁，腹内压升高，也可发生本病。

图 X7-4　羊子宫脱出

2. 诊断要点：病羊营养较差，心搏加快，呼吸加快。结膜发绀，烦躁不安，有时仍有努责现象。子宫完全脱出的病羊，由于频频努责，疼痛不安且有出血现象的，若不及时采取措施，常会发生出血性或疼痛性休克死亡，有因子宫脱出较久，精神出现沉郁的病羊，也常由于全身衰竭而死亡。

3. 预防：平时加强饲养管理，保证饲料质量，使羊身体状态良好；妊娠期间，保证羊有足够的运动，以增强子宫肌肉的张力；多胎的母羊，在产后 14 h 内必须细心注意产羔，以便及时发现病羊，尽快进行治疗；胎衣不下时，绝不要强行拉出；产道干燥时，拉出胎儿之前，应给产道内涂灌大量油类，并在拉出之后立即施行脱宫带，以预防子宫脱出。

4. 治疗：实施子宫手术，早期整复可以使子宫复原。步骤如下：首先剥离胎衣，用 3% 的冷明矾水清洗子宫，然后将羊后肢提起，将子宫逐渐推入骨盆腔，并使用脱宫带防止子宫再次脱出。在无法整复或发现子宫壁上有很大裂口、大的创伤或坏死时，应实行子宫摘除术。

（五）羊子宫炎

羊子宫炎是分娩、助产、子宫脱、阴道脱、胎衣不下、腹膜炎、胎儿死于腹中等导致细菌感染而引起的子宫黏膜炎症。

1. 病因： 大多发生于母羊分娩过程和产后，尤其是胎衣不下或子宫脱出时，细菌易侵入而引起炎症。母羊难产助产时消毒不严，配种时人工授精器械和生殖器官消毒不严，继发引起阴道炎或子宫颈炎；某些传染病或寄生虫的病原体侵入子宫，如布鲁氏菌等；羊舍不洁，特别是羊床潮湿，有粪尿积累，母羊外阴部容易感染细菌并进入阴道及子宫，而引发疾病。

2. 诊断要点： ①急性病例：初期病羊食欲减少，精神欠佳，体温升高；因有疼痛反应而磨牙、呻吟。可表现为前胃弛缓，拱背、努责，常作排尿姿势；阴户内流出污红色内容物。②慢性病例：病情较急性轻微，病程长，子宫分泌物少。如不及时治疗可发展为子宫坏死，继而全身状况恶化，引发败血症或脓毒败血症；有时可继发羊腹膜炎、肺炎、膀胱炎、乳房炎等。

3. 预防： ①注意保持母羊圈舍和产房的清洁卫生；助产时要注意消毒，不要损伤产道；对产道损伤、胎衣不下及子宫脱出的病羊要及时治疗，防止感染发炎。②产后 1 周内，对母羊要经常检查，尤其要注意阴道排出物有无异常变化，如有恶臭或排出的时间延长，更应仔细检查，及时治疗。③定期检查种公羊的生殖器官是否有传染病，防止公羊在配种时传播感染。

4. 治疗： ①净化清洗子宫，用 0.1% 高锰酸钾溶液或排出灌入子宫内的消毒溶液，每天 1 次，连用 3~4 次。②可在冲洗后给羊子宫内注入碘甘油 3 mL 或投放土霉素（0.5 g）胶囊；亦可用青霉素 80 万 U、链霉素 50 万 U，肌内注射，每天早晚各 1 次。③自体中毒可应用 10% 葡萄糖液 10 mL、林格液 100 mL、5% 碳酸氢钠溶液 30~50 mL，1 次静脉注射；或肌内注射维生素 C 200 mg。

（六）公羊睾丸及附睾炎

1. 病因： 睾丸与附睾紧密相连，常同时发炎或相互继发。主要由外伤引起，也可因睾丸附近组织发炎而继发或由于布鲁氏菌病、结核病等转移而来。

2. 诊断要点： 在急性发炎时，睾丸及附睾均肿大、热痛，精索粗硬，并伴有功能障碍。严重的患羊出现体温升高（达 40℃ 以上）及其他全身症状。羊的睾丸及附睾炎由布鲁氏菌病转移而来，此时，大部分患羊呈现跛行，关节肿大、疼痛，关节囊内常有液体。

解剖可见睾丸和附睾实质变性、脓肿。除急性炎症外，尚有慢性间质性炎症，多因急性期失治转来，表现为硬肿无痛，睾丸及附睾严重萎缩，局部温度不高，有时比正常略低，常与周围组织粘连。

3. 防治： 病初 1~2 天局部施行冷敷，后改用温敷，亦可在外部涂擦樟脑软膏或鱼石脂软膏，并用吊带将阴囊托起，以促进血液循环和痊愈。疼痛严重时，可用普鲁卡因青霉素做精索封闭。睾丸严重肿大的，若不宜留作种畜时，可将其切除。有脓肿形成时，则应切开排脓后，按外科常规处理。当有全身症状时，可用抗生素及磺胺类药物治疗。

参 考 文 献

[1] 纳吉，格斯滕斯坦，文特斯滕. 小鼠胚胎操作实验指南：影印版. 北京：科学出版社，2004.

[2] 陈北亨. 兽医产科学. 北京：中国农业出版社，2000.

[3] 陈大元. 受精生物学. 北京：科学出版社，2000.

[4] 高建明，侯文元，焦占海. 小鼠超数排卵效果分析. 北京农学院学报，2000，15（1）：25-28.

[5] 贾青，高娟，杨博，等. 小鼠体外受精及其胚胎体外培养的比较研究. 实验动物与比较医学，2008，28（5）：304-308.

[6] 李健，司丽芬，魏刚才. 鸡解剖组织彩色图谱. 北京：化学工业出版社，2014.

[7] 李健，司丽芬，谌剑波. 动物解剖及组织胚胎学实验指导. 北京：化学工业出版社，2014.

[8] 楼吉，唐业刚，周骏江，等. 小鼠超数排卵影响因素研究. 武汉生物工程学院学报，2009，5（1）：18-20.

[9] 桑润滋. 动物繁殖生物技术. 北京：中国农业出版社，2002.

[10] 宋绍征，王怡，王宝珠，等. 激素剂量、小鼠品系及周龄对超数排卵的影响. 实验动物科学，2011，28（4）：5-8.

[11] BRINSDEN P R. 体外受精与辅助生殖：3 版. 全松，陈雷宁，译. 北京：人民卫生出版社，2009.

[12] 王锋. 动物繁殖学实验教程. 北京：中国农业出版社，2006.

[13] 吴银玲，石梦雅，董鑫，等. 激素剂量及周龄对小鼠超数排卵的影响. 医学研究与教育，2016，33（2）：1-5.

[14] 杨利国. 动物繁殖学. 2 版. 北京：中国农业出版社，2010.

[15] 杨利国. 动物繁殖学实验实习教程. 北京：中国农业出版社，2015.

[16] 曾长军，张明，赖松家，等. 高等农业院校动物繁殖学教学改革问题与思考. 黑龙江动物繁殖，2012，20（3）：58-62.

[17] 张一玲. 家畜繁殖学实验实习指导. 北京：中国农业出版社，1991.

[18] 张忠诚. 家畜繁殖学. 4 版. 北京：中国农业出版社，2004.

[19] 赵兴绪. 兽医产科学实习指导. 3 版. 北京：中国农业出版社，2002.

[20] 郑鸿培. 动物繁殖学. 成都：四川科学技术出版社，2005.

[21] 朱士恩. 家畜繁殖学. 5 版. 北京：中国农业出版社，2009.

[22] 庄广伦. 现代辅助生育技术. 北京：人民卫生出版社，2005.

[23] AZIZOLLAH B, HAMID-REZA R, ELHAM B, et al. The interfering effects of superovulation and vitrification upon important epigenetic biomarkers in mouse blastocyst. Cryobiology, 2014, 69 (3): 419-427.

[24] PARK S J, KIM T S, KIM J M, et al. Repeated superovulation via PMSG/hCG administration induces 2-Cys peroxiredoxins expression and overoxidation in the reproductive tracts of female mice. Mol. Cells,

2015，38（12）：1071-1078.

[25] WU B J，XUE H Y，CHEN L P，et al. Effect of PMSG/hCG superovulation on mouse embryonic development. Journal of Integrative Agriculture，2013，12（6）：1066-1072.